请终止无⋯⋯

篱落 / 著

煤炭工业出版社
·北京·

图书在版编目（CIP）数据

请终止无效努力 / 篱落著. -- 北京：煤炭工业出版社，2018

ISBN 978-7-5020-7089-2

Ⅰ.①请… Ⅱ.①篱… Ⅲ.①成功心理—通俗读物 Ⅳ.①B848.4-49

中国版本图书馆 CIP 数据核字（2018）第 260049 号

请终止无效努力

著　　者	篱　落
责任编辑	高红勤
封面设计	程芳庆

出版发行	煤炭工业出版社（北京市朝阳区芍药居 35 号　100029）
电　　话	010-84657898（总编室）　010-84657880（读者服务部）
网　　址	www.cciph.com.cn
印　　刷	北京德富泰印务有限公司
经　　销	全国新华书店
开　　本	880mm×1230mm $^1/_{32}$　印张　$7^1/_2$　字数　180 千字
版　　次	2018 年 12 月第 1 版　2018 年 12 月第 1 次印刷
社内编号	20180098　　　　定价　36.80 元

版权所有　违者必究

本书如有缺页、倒页、脱页等质量问题，本社负责调换，电话:010-84657880

前言

夏季的夜晚,坐在树荫下乘凉,我和我的编辑朋友一边品尝他从老家带来的特产,一边闲聊。

"你从编辑圈子跳出去很长时间了,有什么感觉?"

我是由编辑转策划的。老实说,策划接触的面广,这让我非常感兴趣。做策划后,我开始沉下心来研究商品、市场、营销、传播……我感觉这是一个多变的工作,我喜欢挑战新鲜的事物,更喜欢在脑中构架多种场景,然后从中找出很小的细节,一切都了如指掌,这让我很有成就感。

"我很喜欢脑中根据需求构架各种场景的感觉。"我笑着说。

"比如呢?"朋友追问。

"比如你和你喜欢的女孩子出去买衣服,你要用构架能力将各种款式的衣服穿在她身上,然后做出一个评价,这样的话,你就可以帮她省去试衣服的时间……"我半开玩笑地说。

"给总结一下呗。"

"策划就是对外追求最好的效果，对内避免不必要的损失。"

"关于人生、关于努力这方面，策划能不能给予些指导？"

"当然能。事实上，只要是大脑能够想象到的事情，我们都能以尽量少的次数做到最好，而不必去多尝试一次失败。"我脱口而出。说完我就后悔了，像他那样两耳不闻窗外事的性子，问得这样具体一定是有目的的。

编辑朋友坏笑道："我们领导让我做一个关于'无效努力'的选题，我正愁找不到切入点呢！"

听到这里，我哑然。

"无效努力"这个选题，如果向读者展示具体的方法，则显得过于枯燥，而且不适合大多数人；如果不在方法上做文章，则又显得言之无物，因此这是一个"大活"。事实上，没人愿意听别人说教人生应该怎样去做，因为这很教条，而我也不愿做这样的事情。事实上，我作为一个"80后"，无法对"90后""00后"的人生看得通透……

但对于这位朋友的信任，我还是想尽自己的努力，找到一种方式，对每位读者起到最大化的建议作用。

3天后，我打电话给他："我准备借用哲学的表达方式阐述一个基本原理，让指导性可以根据每个人而自发拓展，你认为如何？"

"很好，我支持你！"

有了这位朋友的支持，我就要在图书馆"孤独"上一段时间了,而我也做好了心理准备,来完成这部"艰难"稿子。

只是说起来容易,做起来难,写稿之初并不是很顺利,我始终找不到切入点。10天之后,我拿着大纲去他家里商量这件事情。

"非常好,我支持你。"

面对这样的回答,我无言以对,只能将半年的周末时间奉献给他的选题。没办法,我已然习惯答应这位编辑朋友的请求了。

于是我开始在成功学中不停翻腾,在心理学中不停翻腾,在时间管理学中不停翻腾……

终于,在几个月后翻腾出了这十几万字的稿子,我不敢说这包含着我多少心血,但至少我是认真的。

坦白来说,关于无效努力,我有很多朋友也有类似的困惑,所以这件事于我而言,不敢说是社会责任,但也算是做了一件好事吧。

这本书以"终止无效努力"为主题,意在对错误的方向做出纠正,并提出相对应的方法。为了避免阅读的枯燥,我融合了一些相关的小故事进去,这些小故事很多都是发生在我身边的事情。

总之,不求这本书给读者带来成功,事实上,成功也并不单单只是一个正确的理念那么简单。我只求能够让读者在人生道路上少做点无用功,这便足够了。

作者
2018年11月

目录

第一章　努力远远不够，要擅于发现天赋

1. 有时候，努力是远远不够的　　002
2. 不做自己不擅长的事情　　007
3. 找到自己的感觉　　011
4. 以正确的方式打开你的天赋　　014
5. 努力也是种天赋　　019
6. 热爱你的热爱　　022

第二章　致我们曾经无效的努力

1. 你的合群，是在浪费青春　　028
2. 你不必为谁努力改变自己　　031

3. 彪悍的人生不需要解释 036
4. 不纠结，这个世界很直观 041

第三章　时间与精力都耗在哪儿了？

1. 拖延症的真相 046
2. 抗击惰性生活方式：普瑞马法则 050
3. 很遗憾，你只是在假装努力 054
4. 高效人生法则 059
5. 手机，打断思维的利器 065
6. 精力管理（一） 068
7. 精力管理（二） 072
8. 精力管理（三） 075
9. 拖延症的死敌 080
10. 这个世界正在惩罚没有自控力的人 085

第四章　少点幼稚，就少些无谓的努力

1. 放任自己，等于让情绪持续失控 092
2. 该死的惯性思维 097
3. 疑心病——总有人想害我 102
4. 努力的同时，还要一直学习 107

5. 即使努力没有结果，你也要继续努力　　112

6. 努力打击别人，不如强大自己　　117

7. 不要为了依赖，舍去一切　　123

8. 不要为了赞美而过度努力　　129

第五章　职场菜鸟看过来

1. 别让强迫症浪费团队精力　　136

2. 吸引力法则：一种神奇的力量　　141

3. 我们总是过度定义自己　　146

4. 你不甩锅，但也不必过度担责任　　151

5. 渴望平庸的舒服，却不愿要平庸的结果　　156

6. 拥有一份工作，要懂得感恩　　162

7. STOP! 抵触情绪　　168

8. 不做职场"老实人"　　174

9. 慢慢来，一切都来得及　　179

10. 别在错误的时间，琢磨错误的事情　　185

第六章　高效思维能力

1. 高效思维的艺术　　192

2. 没有见识的努力，都是白忙　　196

3. 为什么你的工作会一拖再拖? 200
4. 看清逻辑，分清主次 206
5. 奥卡姆剃刀定律，帮你高效解决问题 211
6. 灵感，往往不期而遇 216
7. 看透"鸟笼效应"，终止无效努力 220
8. 选准目标，才能高效行动 225

CHAPTER 1

第一章

努力远远不够，要擅于发现天赋

1. 有时候，努力是远远不够的

上小学的时候，我的语文成绩很好，数学成绩却很差，这样的情形一度让我很尴尬——语文成绩往往接近满分，但数学成绩却刚刚及格，因此导致总成绩一直游走在中等水平，为此我很苦恼。

我并非没有努力过，但结果却让我更加尴尬。曾经有一个学期，我放弃了大部分学习语文的时间用来学习数学，但结果在意料之外：语文没有努力学习，成绩依然很好；数学成绩在努力之后总算是有了改观，但付出和结果的不成正比让我几乎绝望。

这种现象一直伴随我到今天，毫不夸张地说，我能从文字中看到人的心情，但谈到数字便一头雾水了。我放弃了，承认自己并没有这方面的天赋。

天赋，也叫天分，大致可分为两种情况：

（1）在某些领域具有较强的能力。

（2）对某个领域天生抱有极大的热情。

无论哪一种，都会有助于一个人在这个领域取得成就。如何确定自己是不是有天赋呢？《发现你的天赋》一书中提到这样一个故事：

两条小鱼顺流而下，途中遇到了一条逆流而上的大鱼。大鱼说："早啊，孩子们。今天的水怎么样？"两条小鱼礼貌地冲它一笑，继续向前游。过了一会儿，其中一条小鱼问同伴："什么是水呀？"——它已经视水为无物，浑然不觉自己就在其中，这就是天赋。

不知不觉叫天赋，刻意为之叫努力。

天赋并不是天才特有的东西，而是人人都有，只是由于条件限制，不能更好地发挥它罢了。

一位步入社会的朋友在聊天的时候说起他教育孩子的方式："孩子喜欢什么，我就鼓励他去做什么，哪怕他只是爱做蛋糕，我也会鼓励他。未来他不一定会做一名甜点师，但只要能够做他想做的事情就好了。"

我佩服他的勇气，事实上，这也是寻找天赋的方法，如果实在看不出孩子有什么天赋，那就选择极度热爱吧，至少他做了喜欢做的事情。

有的人很努力，但却始终未能达到想要的结果。

一位发小从小就非常要强，也非常努力，但他的成绩一直不是很好，随后我见识到了他上初中时近乎残酷的努力，结果他的成绩还是平平。我们初中在同一个班,他的成绩始终处于中下等,所以初中三年他从来没有开心过。有一天,我无意中看到他的手上划满了小口子,就好奇地问他是怎么回事。"实在太困了,但还是想努力,于是就用小刀在自己手上划口子,想让自己清醒一点。"他羞赧地笑了笑,然后说道。

我震惊了,我知道他很努力,但没想到是用这么残酷的方法。随后的日子里,依然没有人过多地去关注他,谁又会去关注一个成绩中下等的学生呢?

大考在即,所有人都像绷紧了的钢丝,每张脸上都充满了严肃和焦虑,我和很多人一样,无暇去顾及他。终于有一天,他昏倒了,被送去了医院,家长和老师随后赶到。之后的日子里,我再也没见过他,他退学了。

很多年之后,我再想起他时,觉得他其实大可不必如此,我们那个年代早已并非考学一条出路,但他努力的劲头却让我记忆犹新。

也许,他真没有学习的天赋。

随后的我和大多数人一样,上学、工作,很平淡,也很繁忙。10年之后,我偶然在路上遇到他,于是坐在一起聊天。得知辍学后,他找了一个木工师傅,开始学习木匠。那时候农村都还没有买家具的习惯,很多人都是选择自己找木匠打造。往常回家也只是听说他手艺很好，却没有时间去详细了解。

我们之间像我和很多发小一样，早已没有了共同语言，而他也不善言辞，寒暄了几句之后，我去他家坐了一会儿，看到他做的各种木工制品很是不错。当看到一件东西的时候，我惊讶了，这是一个古代宫殿的模型，我只在网上见到过，还没看到过实物。他看我很喜欢，于是就送给了我，我也不客气地拿回了家。很多次搬家都没有丢弃，因为它实在太过精致。后来，他还因为这门手艺上过电视节目。

天赋，从来就是多种多样的。有的人像莫扎特一样成为大师，有的人却像上面提到的朋友一样，也活得很好。只是我们更愿意承认成为大师的那种天赋，而对能够快乐、安稳生活的天赋却视而不见。人的成就可能有大有小，但天赋并无高低之分。

所以，人在很多时候并非缺少努力，而是没有找到属于自己天赋。如果你还是对此迷茫，不妨问自己几个问题：

（1）我现在的工作真的如鱼得水吗？

（2）我是不是还有更喜欢的工作去做，只是环境不允许？

（3）我是否仔细考量过自己的天赋？

认真思考一下，你会有不一样的答案。如果你渴望成功，就不能闭着眼睛跟随众人而行，那是对生命的一种浪费。发现自己天赋的方法大致有以下几种：

◆ 静下心来，了解自己

花时间多跟自己相处，去了解真正的自己，这是一个不错的方法。我的方法是在夜深人静时独自思考关于自己的事情，把别人说过的话暂时忘掉，对自己有一个大致的评估。

◆ 进一步求证

当对自己有一定的认识之后，可以尝试跟周围的人进一步求证，这是很关键的一步，很多人都是在别人客观的评价中慢慢成长起来的。

◆ 多方面尝试

鼓励自己多方面进行尝试。实践出真知，在多种环境下更能看清楚自己的天赋；另外，多种环境的磨炼，会让你对自己有一个更全方面的认知。

说到这儿，我突然想到自己的偏科，其实偏科也有一种好处，那就是证明我不适合理工类的工作，而我也非常知趣地选择了文字工作，这也是一种关于天赋的考量。

怎样找到自己的天赋，因人而异。我不提倡方法论，只要关注以上几点，无论时间长短，终能发现自己的天赋。

发现天赋并利用天赋，也许并不能像想象中那样一飞而起，甚至有的时候还会遇到障碍，那么，这时找到天赋的意义何在呢？答案是发现自己的短板。

2. 不做自己不擅长的事情

不尝试自己不擅长的事情，这绝对是真理。

很多人愿意把自己当成是万能的，然而每个人都会有自己的短板，聪明的人会提前发现这个短板，从而避开。而很多人则是在失败多次之后，才意识到自己有这个短板，然后才避开。

我的表弟就是这样的人，他是个创业狂。当今社会，创业已成为一种时尚，谁不想当老板呢？他的运气还不错，很快就接到一单生意——负责一家公司宿舍的装修工作。据他说，刚开始所有的人都很开心，但是不久之后工作中就有了矛盾，工人与工人之间因为没有明确的责任划分，导致装修质量问题频出。于是他采取了时刻盯着的方法，虽然很老套，但是很管用。

平静了一段时间之后，工人又开始抱怨工作与收入不成正比，希望能够得到改善，他听信了个别工人说的话，给这些工人增加了工资，没想到过了几天，工人内部矛盾更大……无论怎样，他最终还是把工作如期完成了，但这也让他虚惊了一场。

完成第一单生意后，他感到无比兴奋。他的运气还是不错的，马上又接到了第二单生意。不过这次他就没有上次那么幸运了，又是因为工人内部的矛盾导致了几次停工，他不得不另外找人，这让他很恼火。他总想着完成这单再好好整顿，没想到最后却出现工期拖延和各种质量问题。完工后，总体算下来，他这次根本没有赚到钱，还白搭了时间。

"当老板原来这么不容易。"

"你善良，这没有错，但你不擅长管理，为什么还不找管理者呢？"

"我以为就30多个人，不用找管理者，只要有人干活就行了……"

没有完美的个人，只有完美的团队，这句话没错，因为它可以让人巧妙地避开个人的短板，这一点我在工作中也深有体会。

我负责策划，各种工作环节没有问题，但我并不擅长采购。以前我也不以为然，以为这是大数据时代，各种东西都是明码标价的，很透明。

商人就是商人，刚开始的时候，我和供应商打交道，表面上的明码标价根本挡不住他的嘴巴，经过他一翻"推心置腹"的陈情，我居然答应购买他推销的所有产品，等活动完成后，我才发现所花的钱比预算高出了很多。

于是我马上和上级反映，**招专业的采购人员**，我这个人太感性，容易被说动，以至于花了不该花的冤枉钱。后来我有幸见识了专业采购与供应商之间的合作，全程我们都处于主动。回想起我与供应商的第一次合作，全程都是我被对方带着走，很被动。

在以后的日子里，我偶尔也会因采购人员不在而暂时负责和供应商谈价格，发现自己做起来还是不那么流畅，于是我放弃了。专业的事，就交给专业的人做吧。

看清自己的短板本来就不是一件容易的事情，我在参考了很多资料之后，发现这样一个道理：如果不能认清自己的短板，那就试着找找自己的长处，很多时候，长处的对立面往往就是短板。

拿我自己来说，我是一个擅长谋划的人，想得非常多，但却缺乏决断能力，所以我给自己的定位永远是一个谋划者。我愿意做的事情就是把所有的可能都想出来，然后交给上层领导去决断。

坦白说，这样的我不适合当老板，所以，我从来没想过脱离组织自己单干。这也是我的坚持。很多人邀请我创业时，我会首先观察团队里面有没有能做决断的那个人，如果没有，我心里是没底的，所以我通常不会答应。能力的短板像天赋一样，会影响人的一生，"人贵有自知自明"就是这个道理吧。

我想起了《中国合伙人》，也想到了为什么合伙人的创业难以成功。我发现了其中的道理：人在获得成功之后，会忘记自己的短板，认为自己在任何方面都是优秀的。

  很多合伙人在初期获得成功后"单飞"，普遍认为自己可以独当一面，然而单飞之后，很多都以失败告终，这不得不让人惋惜。想获得更大的利益，这是人性，也是无可厚非的，但他们所有的失败都源于对自己短板的忽视。

  认清自己短板，关键又实用，如果自己看不清短板在哪里，不如多问问身边的人，他们会从多方面来评价你，综合考量一下，你肯定会得到一个准确答案。

  另外，心态也很重要，无论自己处于何种位置，都不要认为自己无所不能。当然，我们身边不缺少优秀的人，做什么事情都会做得有模有样。但这样的人，毕竟是少数。

3. 找到自己的感觉

世界上的事情，总有你喜欢的，也有你讨厌的，这没有定论。我看过《奋斗》，剧情虽然稍有夸张，但现实中并非不存在。

做自己喜欢的事情，真的是一种享受，无论别人怎么看你。我就有这样一位朋友，他大学毕业之后，在烤鸭店负责把鸭子上的肉剔下来，一干就是10年。"难道不上大学就不能去干这个吗？"我每次总是这样奚落他。

"我愿意，就是喜欢这种工作，就是喜欢这种感觉。"他毫不在乎地回答。

我无法反驳，这是人家的热爱，在别人看来不求上进，没有梦想的言论，在他这里完全无所谓。

天赋，也是如此，是一种感觉。有人说做自己喜欢做的事情是一种奢侈，我认可。现在很少有人在这个方面坚持，总想找到收益更大，更有发展空间的工作，这也无可厚非，因为那些众人看起来不错的工作，本身就带有一种成功的感觉。

也有很多人对此麻木。

"我怎么都找不到工作的乐趣,找不到让自己充满激情的感觉。"

这是一个常见的问题,我想或许这些人可以尝试用下面的方法来找寻工作中的激情,问自己几个问题:

假如待遇相同,一个工作地点在工地,一个在办公室,你选择哪个?

如果你有孩子,你会让他从事哪种工作?

未来10年中,能让你飞黄腾达的工作,你认为是哪个?

对于工作,很多人看似毫不在乎,其实每个人都在做着考量,喜好、待遇、环境、未来、生活……说到底,都是让自己的工作看起来更符合自己的想象,让自己喜欢上这份工作,对工作有感觉,才会全身心投入。

我问过一位做人事的朋友,他们每天的工作是什么?

"招人,留人。"他回答得挺简单,"招人不容易,更难的是留人,如果不能很好地留住员工,我们的工作将很大程度上在做无用功。"

"怎么留人?"

他说了这样一段话:如何让员工有感觉,热爱上这份工作,这是一个难题,我们也在不断地学习。但一个人在一个地方工作时间长了,对工作环境会有厌烦的情绪,我们要不断为其提供新鲜感。单靠涨工资并不是明智的方法,培养工作热情才是最重要的。

如果老板不是过于苛刻，总有一些老员工会跟随他，也许这份工作就符合他们的感觉吧，不然老员工怎么会做那么多年。

成年人的感觉从来不是纯粹的，原因是受到了各种限制以及外界的影响。我们很大程度上是在做别人认为很好的事情。我的好多朋友在父母的影响下，乖乖地回到父母为其打造的平台安稳度日。某种程度上这是一种福利，但同时也扼杀了他们的天赋。曾经有一位朋友说："我本来想去外面闯荡一番的，却无奈做了教师……事已至此，就这样吧，人的一生也不长。"

感觉，是天赋的重要识别点，当你发现超有感觉的事情，你一定是兴奋而且主动的。试想一下，有些东西总会让你拿起来就不想放下，忘记了时间，这里面可能就存在着你的天赋。

写这篇文章的时候，我始终有一个疑虑，是不是应该把它写出来，因为这是虚无的东西，有些人感觉敏锐，会认同；而有些人缺乏对这方面的思考，感觉很空洞，后来想了想，还是写出来为好。

因为其他有着丰厚回报的工作机会曾经让我有种错觉，自己不喜欢现在的状态，急切地想要换一种自己喜欢的事情来做，认为自己选错了行业，或许在别的行业我会有更好的发挥。当自己静下来一段时间后，我还是选择了继续坚持，因为文字策划工作是我喜欢的东西，或者说是我实在找不到比它更有感觉的事情了。

我的感觉帮助了我，让我坚持下去。感觉这种东西虽然很微妙，但确实存在，它能够让你在选择的时候，少走很多冤枉路。

4. 以正确的方式打开你的天赋

没有比看清自己的天赋更值得庆祝的事情了，这将是飞跃的起点，但也只是一个起点。我想起了那个神童的故事，那个神童叫方仲永。这实在是一件可惜的事情，而这种事情现在也很常见。少年时的天赋，如果不加以合理利用，就是一种荒废和浪费。

天赋不是永久能力，而是一种潜力。我们再来解读一下莫扎特。

莫扎特14岁的时候，在教堂听了一首经文歌，就能凭记忆把它全部默写出来。这首歌大概有2分钟，而且有好几个声部。

这看似是一种神奇的能力，事实上并不完全是。莫扎特在他父亲的指导下，6岁的时候就已经完成了3500小时的练习。他的父亲是一位音乐家，还曾出版《小提琴奏法》一书，为了能够教育好莫扎特，他放弃了宫廷乐师的工作。

如果没有父亲的付出，莫扎特即使再有天赋，恐怕也是枉然。

同时，我们也得承认，有些人是教不成大师的，即使也有一位当宫廷乐师的父亲同样愿意为了教育孩子付出全部。莫扎特这种一教就会的能力，就是天赋。

我们承认个人的同时，也得感叹际遇，当合适的天赋遇上合适的引导，才能进一步展现出能力。能力是一个逐步肯定的过程，如果没有展示的空间，很有可能会被埋没。塑造一个高手需要付出的地方太多了。

《一万小时天才理论》一书中，揭示了"高手是如何炼成"的研究结果，那就是：天赋是先天具备的，能力则是后天开发的，先天+刻意练习=优势。

◆ 优秀的引导

优秀的成长环境对一个人的未来有多重要，这不言而喻。我曾经多次拜访一位教育学家，让他谈谈相关的问题，他表示内容很多，并不是一句话两句话能说清的事情，同时也说了很多专业术语，我不能完全理解，但大体意思是：一个人的天赋离不开优秀的引导。

◆ 一同成长

优秀的教育，只在禁止孩子行为的时候是家长，其他时刻，最好作为孩子的朋友，有着与孩子的共情心，这样才能更好地发现并引导孩子的天赋。

◆ **加倍付出**

加倍付出不等于加倍给予,家长要注重孩子精神层面的教育,不要只注重物质层面的东西。家长只有多学习相关知识,才能在教育中发挥得如鱼得水。

◆ **天赋引导**

很多家长把教育这项工作交给学校,而学校由于环境因素,并不能对孩子施行个体化教育,这时候就需要家长把孩子的天赋引导出来,然后才能引起环境的注意。这一步,很多家长都不懂,所以很多孩子也就和很多人一样随波逐流了。当然,学习能力也是一种天赋。

我在上面简单说了几点关于教育的事情,希望大家能够加强对天赋的理解。

努力也是一种天赋,而且这是一个自身因素。其中包含两点:愿意努力和勤于努力。

我对这两点深有感触。我是一个学习能力很强的人,但在意愿方面却不是很强,对很多事情有不情愿的想法,因此难免会有拖延症出现。

我花费很大精力来改正这个习惯,但收效甚微,所以我得承认这也是一种天赋，可能更倾向于自我控制层面的东西。有人说这个天赋能训练出来，可对于我来说，这太难了。

天赋到结果之间，还有多远？答案是很远。没有外界的干扰，没有自身的矛盾，一切因素都在顺着天赋这个方向发展，这本身就是一个奇迹。

这其中包含着太多的环境因素和自身因素。

对于环境因素，我们很多时候是不能选择的，或者说选择圈很小，"孟母三迁"就是选择环境的做法。但是各种因素中总有有利的和不利的，我们选择了有利的因素，同时也可能带来了不利的因素，这是肯定的，也是不可避免的。这些都是不可评估的，偶然发生的事情太多，这里面包含运气的成分，没有一定的规律。

自身因素面对最多的就是选择，既然选择，就会受到感性的影响，并非完全出于理性。同时选择结果也存在不确定的变量，因此让人难以捉摸。

天赋与结果之间，有太多曲折，有时候可能一个念头就可以改变所有预先计划好的一切，但从人为层面上来说，我们还是愿意为此努力的，不是吗？

那么，怎样用行动去发现自己人生中的可能性呢？

◆ 大量实践

对自己的天赋有了初步的认识后，在此层面进行大量的实践，让自己获得更多的展示机会，因为每个好的结果都是由小成功组成的。

◆ 找到群体

找一个群体是一个不错的方法，它可以纠正自己的很多错误，从而让自己的天赋更好地发展。不断互相激励，因为每个过程都不会那么顺利，激励是必不可少的。

◆ 积极面对

当我们无法改变环境的时候，就应该让自己的心态变得积极起来，勇于克服环境中的问题，同时强大自己的内心。

天赋距离结果的路还很长，我们需要做好充分的准备来应对。

5. 努力也是种天赋

上学的时候，我们班上从不缺少聪明人。

但聪明人的结果往往是被老师说："脑子很聪明，但没用在学习上。要是能把一成的聪明劲儿用在学习上，也不至于成绩这么差！"

记得好多学渣总会对学霸说："我这就是没用心，如果我用心，就没你什么事了！"

我仔细思考过这个问题，我的结论是，努力或许不是你眼中的天赋，但也是天赋。

为了证明这一点，我查了很多资料。

那么，努力到底需要些什么呢？

◆ 自控力

有人说当兵的每天把被子叠得那么整齐，有什么用啊？其实这是在培养自控力。大家试想一下，如果每天让你把被子叠成这样，你能做到吗？可能有人会说我没有时间做这个啊。其实大家在相关影视作品中也可以看到，从起床到叠好被子，不过短短几分钟，但我们就是做不到。不说这件事，就是闹钟响了，能够马上起来，不拖泥带水，就已经是很了不起了。

我想起了那些抗震救灾的战士们几天几夜不睡觉，本以为这很简单，但有一次，一项很着急的工作让我熬了一天一夜后，我感觉我的身体已经不受控制，无论怎样都想先睡一会儿再说，而那些抗震救灾的战士们干的又是**体力活**，他们肯定会更加累。因此，这些都是自控力的功劳。

◆ 坚持

在短时间内做到有自控力并不难，而且很多人都能做到，难的是长时间坚持。大家都知道，很多成果并非是一朝一夕的结果，比如说学习成绩，一个学期是半年时间，在这半年时间里，你每天都要保持有自控力的状态，这很不容易。

有人说，有信念，就会坚持，然而事实却并非如此。当信念和身体发生矛盾时，你在说服自己的同时，身体也在给你压力。比如说太困了，你会很难受；太饿了，你会感到头晕眼花，而信念只不过是脑中的构想，以看不到的东西说服现实存在的东西，谈何容易。所以说，并非是有信念才有坚持，而是坚持支撑了信念。

◆ 心无杂念

这点在当今社会最难，因为外面有很多好玩的事情触手可及，只要你停止努力，推开房门就会享受快乐。所以你能坐得住吗？

看到别人在痛快地玩，而你却在熬夜枯燥地看资料，是否有点心理不平衡，于是想找个借口出去玩一会儿再回来继续看，或是打算先休息一天，明天再看资料，反正没人责怪自己。这一点都不难，也没有任何压力，很容易就让自己感受到快乐，又不用负责，所以说要想做到心无杂念真的很难。

◆ 生理和心理

大脑，从生理构造来看，就不适合长期做一件事情；肌肉也不是为了长期做一件事情而生的，因此我们需要说服我们的肌肉和大脑。

相比较来说，肌肉更好说服，毕竟人的运动不是那么复杂。而大脑却不容易被说服，我尝试过在不想写东西的时候硬逼着自己写东西，结果是我吐了，这没有丝毫夸张。

所以说，能克服这些困难去努力，也是一种天赋，难道不是吗？

6. 热爱你的热爱

爱好,总能让你体验到别致的人生。当然,也有其他的福利。我的邻居是个出租车司机,但他总是三天打鱼两天晒网,被大家一致不看好,他的父母和妻子死说活说,也改变不了他的态度,他依然如故。

他有着自己的爱好,那就是养鸽子,而正是这种爱好影响了他的工作。他对鸽子有着很深的感情,每天都嘘寒问暖,几年如一日。只有当他看到鸽子的时候,你才能真正地看到他的细心与责任心。很多时候,他宁愿放弃一些收入,也要跑回来看鸽子。

你可以说他不是一个好男人,不知道养家,但我的理解是,他真的不喜欢现在的工作,没有动力,被动糊口的工作总是让人很无奈。

日子,就在对工作的不情愿之中慢慢煎熬着。

也许,机会总是眷顾这些执着的人。一次偶然的机会,他参加信鸽大赛获得了二等奖,奖金10万元,他终于"一雪前耻"了。

当我再次遇见他时，他早已把出租车司机的工作辞掉了，专门从事信鸽养殖事业了。在他的脸上，我看到了对生活的希望与热情。

我们的大脑在成长的过程中，会将喜欢的与讨厌的东西分得非常清楚。我本身就有这样一种感觉，当做自己不喜欢的事情时，心情总会很抑郁，不仅如此，我还发现不管做多长时间，这件事根本就没什么实质性的进展。

这种不喜欢的事情，不但影响了我们的心情，同时还带来了挫败感，最终得不偿失。

坦白说，很多时候，对于职业的选择问题，我们不得不综合考虑，尤其要考虑收入问题，毕竟大家都要吃饭。以爱好为工作，有时候显得是那么幼稚，但想要真正有所成就，也许就得从爱好上来长久坚持吧。

与上面的故事截然相反，我的表妹恋爱了，她男朋友文化程度不高，只能靠开出租车为生。但他特别喜欢开车，即使是开上很长时间，都不会感到疲倦。

我表妹的意思是让他学一下与工程相关的课程，然后做成本分析师，至少这个职业看起来比出租车司机更能说得出口。

小伙子拗不过，只好慢慢尝试，但那始终不是他喜欢的东西，怎么学都学不进去。听表妹说，他连考了几次都不合格，而且在学习的过程中总是心不在焉。

"他喜欢干什么就干什么呗,很多东西如果不喜欢的话,肯定是不会上心的。"我简单地对表妹说了几句。

很长一段时间过去后,小伙子依然在做出租车司机。

"我也想找一份体面的工作,我也想挣更多的钱,可就是不开那窍,有什么办法呢?"表妹的男朋友面带委屈地跟我说。

我理解他,更理解不喜欢做一件事情的无奈。

我想起一个教育孩子的故事。

"爸爸,你为什么那么辛苦赚钱供我读书呢?"孩子问爸爸。

"只是为了你将来能够有更多的选择,而不是去被迫谋生。"爸爸回答说。

这是我听到的对教育最好的解读,也是最人性化的。给孩子的未来多种可能,又不去限制孩子,这是明智的。

关于喜好,我本身也有很深的体会。我天生对数字有一种说不出的厌烦,遇到涉及数字的事,都只能硬着头皮去做。当然,我从事的大多数工作还是与文字有关。

不知道这样说对不对,也许是我的家庭没有给我太大的生活压力,让我有足够的选择空间;也许是这种爱好在冥冥之中指引我往这条路上走吧。

大学即将毕业的时候,我开始为工作发愁,老实说,工商企业管理这个专业并没有多少对口的工作机会留给我,我有点后悔当初选错了专业。但事已至此，只好到大城市寻找机会。

的确如我所想，我耗费3个月时间都没有找到合适的工作。于是只好将就，因为人总要吃饭。

我去一家印刷厂当了一名后勤人员，在工作中我学到了很多印刷知识。但大部分工作还是体力活，于是我只干到过年便辞职了。

我的第二份工作是在一家书店做销售。工作之余，我看了很多书，也跑遍了各大图书市场，对图书环境有了一定的了解。但由于和老板相处不睦，做了半年之后，我选择了辞职。

我的第三份工作是做编辑。在我以前的认知中，我所学的专业与之格格不入，根本没有往这方面想过，也不知道这个行业的存在。但我对文字的热爱帮助了我，让我在这个行业站住了脚，做起来也比较顺手。随后，以前在印刷厂和书店的经历帮助了我，让我做产品策划变得游刃有余……

人生没有白走的路，每一步都算数，前提是每一段经历你都是认真的。如果你是一个认真的人，对所有的事情都抱着喜欢和热情，那么恭喜你，这种特质弥足珍贵。如果你不是一个认真的人，请尽量选择你喜欢的事情。

保持相当多的爱好，不但会让你对生活充满热情，同时也会给你更多的机会。不可否认，每个行业的上升之路都有它外在的要求，不单单是努力就能一帆风顺的，如果你只钟情于一个行业，那么就会变得很被动。所以如果没有爱好,那么请在周边不断尝试。

强是我的发小,从小学习木匠,说得更具体一点就是做家具,手艺很棒。在很早的时候,农村很多人家都选择自己打家具,他的生意一片大好,因此挣了很多钱。

但多年过去后,现在的很多年轻人不再喜欢自己打的家具,都是从市场上直接买成品。当然也有让木匠打家具的,但那自成一种高端市场,在农村是接受不了那种价格的。

强的生意开始惨淡。一次回家,我看到他居然做了建筑工人,就问他:"你有那么好的手艺,为什么不想想办法呢?"

"现在人们都不做家具了,而我以前又没有接触过红木家具,也不会啊,因此先找个活干着吧!"他无奈地说。

"你试试装修吧,虽然你没学过,但估计不外行,而且现在装修市场也不错,你可以多了解下。"我给他出主意说。

他没有说话,我估计是在想这件事情的可行性。等我再次跟他联系的时候,他说他正在做装修,而且做得还不错。

对爱好的坚持,可能会成就工匠精神,而不断在周围尝试,也是生活之道。

爱好,可能让我们玩物丧志,也可能让我们有更多的机会,想来如果不是太影响生活的话,还是多点爱好吧。

天才出于喜爱,我们不能总只以生活的目光来规划未来。

CHAPTER 2

第二章

致我们曾经无效的努力

1. 你的合群，是在浪费青春

为了迎合别人，我们耗费了太多的不情愿的努力，最后却白白浪费了精力。

我是一个不爱喝酒的人，也不爱应酬，每次遇见喝酒的场合，心中就特别排斥。酒桌上相互给面子，虽然我也会，但做起来却很费力，也很生硬，现在想想，这或许就叫不会吧。

但很多时候，我都不懂得拒绝，总感觉不去的话，感情会慢慢变得淡化起来。在过去的很长一段时间内，我都是这样认为的。但经过一段时间后，我发现我跟那些爱喝酒的人，即使不落下每一次的聚会，感情上也都在慢慢变得疏远，因为我们始终不是一路人。

我以为自己在拓展自己的人脉，所以才选择了他们喜欢的方式。其实从本质上来说，喝酒只是表现形式，性格才是根源。最后，我的圈子里还是那些不爱应酬的人。

在很长一段时间内，我也尝试过为别人改变自己，但通常都收效甚微。

公司新来了总监，按照职场的规则，我应该发挥自己的情商，尽量靠近点，至少要让人感觉到很热情的样子。

我感觉我做得非常不错，而且我还有些酒量，足以用来应对像今天这样实在推脱不开的饭局。就这样，我跟随别人的喜好过了一段日子，说实话，真的很累。我以为我和总监打好了关系，但后来发生的事情却证明我错了。

"你最近有什么事情吗？看起来精神不好，工作积极性不太高啊！"他质问道。

坦白说，这些日子的应付让我苦不堪言，精力有点跟不上了，对于一个不太会应酬的人，要时常考虑别人感受，实在是一种折磨。

"还行吧，有我工作不到位的地方，您说。"我微笑着表示接受。

"不用考虑我的太多喜好，努力干活就行。我知道你不擅长这方面的东西，不过为了我的面子，你还是为之做出了努力，对此我很感谢。我以为不会影响你的工作呢，因此也就没有明说。"

看到他的理解，我松了一口气。

"如果实在不喜欢，没必要强迫。但在工作上一定要做好，因为这是工作，就算咱们关系再好，如果工作不行，不出成果，也是不行的。"

　　这次的坦白让我彻底松了口气,也停止了无谓的努力,将更多的精力用在工作上,结果也算很圆满。

　　也许,迎合别人已成了我的一种习惯,说是要坚持自己,其实也不那么容易,因为已经养成了习惯。现在,我下决心改正这种习惯了,因为青春是宝贵的,不能浪费在无谓地迎合别人上。

2. 你不必为谁努力改变自己

我回忆过往，又有了很多感悟，并由此想到一则笑话：

一只兔子，总是拿着胡萝卜去钓鱼。有一天，鱼忍无可忍地跃出水面，指着兔子说："你要是再拿胡萝卜钓鱼，我抽死你！"

笑过之后，想想感情，很多失败的原因就在这个层面上。努力付出却得不到任何回应，让人委屈。一切都源于你给的不是对方想要的，即使你千辛万苦，费尽周折，最终依然是无功而返。

从某种意义上来说，这是不能调和的，如果努力去迁就一个人，时间长了也会很累。我知道爱情的力量很强大，却不敢保证它的长久。

我的朋友离婚了。我很惊讶，如果他这样的人都能离婚，那还会有更好的丈夫吗？我的朋友学历高、脾气好、人勤奋、长相不错、工作不错、善良、持家、无不良嗜好、会做家务，家境也不错，几乎没有任何可挑剔之处，他岳父岳母一度以这个准女婿为荣。

这件事情过去很长时间我才知道,因为这样的事情谁都不愿意说。直到有一天,他约我去他家,我看到了他的委屈,也看到了他的无奈。

能把一个男人彻底打倒的,绝对是来自内心的无处发泄。一切都很颓废,家里变得凌乱不堪,烟头、酒瓶子和呕吐物满地都是,而他并不会喝酒。我知道,如果不是真的难过,他断然不会在我面前流下眼泪,甚至连这件事情都不会让我知道。

"到现在,我都不知道为什么,难道生活的细节可以拆散一个家庭?"

听他说,他们婚后的生活一直都很幸福,基本上没有矛盾。唯一的矛盾就是他这个人有时候不注意生活细节,比如抽烟找不到烟灰缸,他会把烟头扔到花盆里;如果太累了,他会把袜子扔在沙发前,第二天再收拾。

我是一个男人,认为这点错误真的瑕不掩瑜,毕竟人都不是完美的,他这样的男人,已经趋向于完美了,不知道他老婆还想要怎样?

随后,他给我看了他老婆发来的邮件,我仿佛稍微懂了一点。

我知道,你感到莫名其妙,这很正常,很多东西我看得很大,你却看得很小。这种差异或许是男女之间的差异,也或许是成长环境造成的,我并不清楚。

每当看到你抽完烟随手扔在花盆里,以及衣服和袜子乱扔,我都非常不开心。我是个喜欢整洁的人,对此有着过高的要求,而你的行为却影响到我的生活,让我感到不开心。在我多次强调下,你仍然没有过多改变,我有点失望。但我没有再强调,因为你小题大做的话在等着我。

我承认,你是个优秀的男人,从某种程度上来说,无可挑剔。也感谢上天让我遇到你,我是幸运的。

我也有错误,在周边环境影响下,我也改变了初衷,由一定要找一个文艺范的男人到找一个能过日子的男人,我妥协了。但是结婚之后,我并非像你看到的那么开心。

你会给我讲笑话,会逗我开心,但是你却始终不会用那种文艺来充实我的心灵,我的很多做法你也很不理解。比如,我会独自一个人去旅行,你不理解,总感觉那样太危险,但你关心的不是我所关心的,在这方面我是无法与你沟通的。

我尝试过改变你,也尝试过改变我自己,在这期间,你没有明显的改变,而我在尝试改变的时候,突然感觉生活没有了任何乐趣,于是我放弃了。

你可能认为我太过自我,甚至自私,但我的感受是,在这样的生活中,好像一潭死水,我看不到希望,找不到开心,虽然很多人都在羡慕我的生活。

你知道，婚姻讲究精神上的"门当户对"，这是有道理的，我在有了充分的物质生活后，有了更高的追求，我感觉你不能满足我，所以，我选择离开。

感谢你一直以来的照顾，我在做这个决定的时候，也因此而感到犹豫。坦白说，我不敢保证以后会再遇到你这样优秀的男人，但我还是勇敢地做了这个决定。对也好，错也好，我的人生需要更多的精神世界，我是知道的！

我在追求我的人生。我知道这样的决定会伤害你，也很无情，因为你没有过多的错误，甚至根本不算有错误，但我还是忍耐不了。抱歉，早日振作起来，你会有更好的未来！

看到这封邮件，我知道朋友还没有走出来。但我却理解了对方，你能给的不是人家想要的，这没有什么可说的，即使你鼓足力气去满足她，也总有累的一天。

"顺其自然，别想太多，你没有必要为谁去努力改变自己，两情相悦相处起来才更轻松。"我只能这样说。

朋友或多或少听进去一点，但一时半会是不会释然的。

回家之后，我想了很多，世界上两情相悦的事情一定不会太多，有的人在继续执着，有的人选择妥协。如果懂得妥协，世界上便会少了很多分离。

很多故事都是以完美的憧憬开始，以残酷的现实落幕。为了赢得一个人的心，我们鼓足力气去追求，最后变成了一个对方喜欢的人，所有改变的不适感，都被爱情的幸福感所淹没。但时间长了，如果对方不能接受你的原形毕露，那么你还要努力坚持吗？

我的一个表弟到了该结婚的年龄，却一直找不到对象，他家人很着急，我有时候也劝他，是该试着找一个了。

"看缘分吧，有缘才会长久。"他很认真地说。

我被他的佛系逗笑了，你不去找，哪儿有缘分啊？

"我不刻意寻找，不刻意追求，自有我的道理。如果我爱上一个人，我会努力变成她喜欢的样子，如果将来我不能坚持的话，岂不是要悲剧了？"

他说的话虽然不多，但是却很有道理。如果是爱你的人，你不必改变什么，那个人依然会欣赏你；如果是不爱你的人，即使你变成对方喜欢的样子，取悦对方，也不是长久之计。

看到很多人说在确定关系或者结婚后，另一半就开始变了，这一点都不奇怪，没有人能够长时间照顾另一个人的感受，都得学会互相包容。

你喜欢我有的东西，我也喜欢你有的东西，双方不用努力，就可以很幸福。然而遗憾的是，有些东西是学不来的，你虽然很努力，但还是学不会。

感情是双方的，一个人的努力始终会有尽头。

3. 彪悍的人生不需要解释

彪悍的人生不需要解释，这句话说得非常霸气，也很现实。我从来都不是一个彪悍的人，但我相信这句话是对的。后来在职场中经历得多了，我便明白了一句话：努力解释，不如努力奋斗。

我听过太多的流言蜚语，也见过太多的不理不睬，那些不理不睬的人，往往具有绝对的实力。

小东和小华是朋友，我是他俩的朋友。上大学的时候，我们关系很好，几乎无话不谈，还经常在一起玩耍，彼此称为兄弟。大学毕业之后，小华混得比较好，成为了某个公司的区域负责人。而小东有点落魄，在实在没有办法的情况下，他去找小华，希望能够获得一些帮助。但小华始终都不肯见他，这是他没想到的。

我自己混得不好不坏，没有能力帮助别人，同时也很少需要别人的帮助，所以跟他们没有过多的联系。

小东来找我诉说他心里的不满，我并没有多说什么。有一个道理，虽然说的人不多，但却几乎成了一种游戏规则：永远不要去求身份不对等的人,这会让双方都很尴尬。我对此深有体会。

为了缓和一下他的情绪,我给他讲了一个我的故事。

在南昌勤工俭学的时候,我在考虑着我的未来。大学即将毕业,我急切需要一个机会,但这个机会却没人给我。

一次偶然的机会,我认识了一个可能给我机会的人。现在想想,当时我是那么不懂事,以为只要我说出我的诉求,他就会给我一个机会。当然,我并不是无缘由地去求一个素不相识的人。我跟他的司机很熟,并且成为朋友已经1年有余,我先是询问了他的司机,司机表示我有戏。我从来都是一个懂得感恩的人,也没有奢望让一个人白白给我机会,我会尽我所能去感激他。

现场的尴尬,我记忆犹新。

那天早上,我只身去见他,当时的我年少轻狂,以为凭自己的嘴巴能轻易说服一个人。

但我错了。

在我没开口之前,他就已经知晓了我的来意。他的眼神里略带些尴尬。一阵客气的寒暄之后,我把请求说了出来。他开始不屑地看着我,没有说太多的话。从他的眼神中,我感到非常不舒服。求人办事就是这样,我忍住了自己的情绪,强颜欢笑,并期待他的回应。

最后,他笑了笑:"我现在的地位都是我自己打拼出来的,没有任何捷径。当初我像你一样,四处求人给我机会,但都不如意。你还年轻,虽然我有给你机会的能力,但我不想给,因为这对你来说未必是好事。"

听了这样的话,我赶紧告辞了。但要说不生气,那肯定是假的。

在随后的日子里,我开始慢慢理解他说的那番话:自己打拼来的东西,才能更好地拓展;别人给的东西,总是有局限性。

听了这个故事之后,小东好像理解了一点儿。他先是不作声,之后便默默离开了。

写到这儿,我感觉有点跑题了,但我只能这样,因为我不是那个彪悍的人。

为了得到别人的理解,无论生活还是工作,我仿佛都在不停地解释,怕别人误会我,归根到底还是一种不自信,感觉有些乞讨的意味。《林中鸟》中有一句歌词:不向命运乞讨。对,就是那种向命运乞讨的意味。

我以为这个话题到此就结束了,但并没有。

一天,我有幸去拜访一位高人,和他谈一些文化上的东西。他在商业上是一位大咖,这让我稍微有点自卑。但以前的经历告诉我,不需要自卑,我们是平等的。于是我带着鼓励出来的自信出发了,但心中还是有些不安。

见面之后,我突然没那么紧张了,他一身的书生气。没有太多的客套，我们直接进入主题，开始谈一些关于活动创意方面的事情。

我的创意得到了他的欣赏，我们愉快地交谈着。

突然，他的秘书敲门进来，告诉他一位客户来拜访他，说是有急事要见他。他的脸上闪过一丝不快。

"你让他稍微等一下，我有点急事要处理。"他吩咐道。

秘书听完后就出去了。

看到这些，我加快了速度，进行汇报式的交谈，希望能早点结束沟通。我的意图被他看了出来，他问我为什么那么紧张？我说想加快点时间，不能让那个人等太急。

他笑了笑说："你想得真多。有些事情不需要太多解释，你这样活着一定很累。"我点了点头，表示默许。

因为我很多时候都在等别人，我知道等待的痛苦。

"一个想要上进的人，首先要抛开这些杂念，不能满足所有人，你也不需要努力去解释。你需要的是全力前进，然后成功，那么，你就是道理。"

这是他对我说的一段记忆犹新的话，我不敢肯定，也不好否定，我是有我自己的想法的，那就是，情商有时候是第一生产力。

我还在纠结这个问题，直到我看到一个历史故事，具体讲的是谁记不清楚了，故事大概是这样的：一位君主在敌人兵临城下之时，还在讲究仁义，拒绝下令射杀正在渡河的敌方士兵，最终导致国灭。

实力，是这个社会唯一的道理，当你彪悍了，一切都不需要解释。

因此，努力解释不如努力奋斗。

4. 不纠结，这个世界很直观

"我要是做了主管，他们会不会听我的？会不会诋毁我是靠关系上去的？"

"我要是做了只有一个人知道的错事，他会不会打我的小报告，别人会不会鄙视我？"

"我因为有事，没去参加朋友的聚会，他们会不会感觉我敷衍他们？"

……

这些念头让我们难眠，并且附带了很多焦虑的情绪。有时候我们会为了考虑别人，而做出一些无谓的挣扎，原因无非是"我怕独自尴尬"。

尴尬，很多人都遇到过，比如犯了常识性错误，无意中说了大话并被当场"打脸"，网络上也用"帅不过三分钟"来形容这种尴尬。

虽然很多人都遇到过这些情况，大多人都会感觉很丢人，希望用一种手段来化解这种尴尬。尽管周围的人可能只是当场笑一笑，但大多数人并没有往心里去，可当事人有时候却当真了，并对此长时间地纠结。

听朋友说起过这样一件事情：在一次提案中，一位项目经理A在展示PPT的时候，意外发现其中有一个错别字。当时，这个错误被甲方负责人与乙方的负责人都看在眼里，为了缓解当时的尴尬，乙方负责人连忙笑着说："你就是太看重创意层面的东西了，常规的东西也该重视起来，这次提案过后，你得去报个语文培训班，从头开始。"大家一笑了之，那次提案非常成功，双方签订了合同。

回到公司之后，大家并没有说什么，而作为犯错的A，从那以后像变了个人似的，比以前更加热情，但这种热情稍微有点过度：他每天早晨第一个来到公司，然后开始帮同事们擦桌子、收拾，所有的团建活动中也都表现异常活跃，总想展现最好的自己。为了表现自己，在一次分配工作的时候，对工作大包大揽，然后自己三天不吃不喝在公司努力加班。第三天的时候，突然昏倒住院了……

大家都去看望他，他很感动。最后，老板留下来，一番语重心长："努力也该注意身体。在那个错别字之后，你心理压力很大，我是知道的，但我并没有说什么，同事们也很理解，也没有说什么，就是怕你有压力。虽然别人的看法很重要,但你也不必为此过度努力。"

坦白来说,现实中每个人都有自己的生活轨迹,职场之中的事情,有时候并不是每个人的重点,可能当时尴尬,笑笑就忘记了,即使犯了错误,下次注意就好,没人会抓着一个错误一直不放。

而作为当事人,真不必太过纠结,很多负责人都知道"多做多错,不做不错"的道理,你犯错误,很大程度上证明你在做事。

跟一位学心理学的朋友谈到过此事,并征求相关的建议,他说:"现在的孩子出现的很多心理问题就源自这里,独生子女让他们习惯了以自我为中心,来到社会上,这种心理也不能很好地改变,因此就会出现这种想象。每个人都希望成为中心,而事实上很少能如愿,因为中心只有一个。当我们以立体感的视角来看待这个世界时,才会很客观。"

因此,我们为此所做出的过度努力,多少显得有点可笑,我很能理解这种心情。我刚踏进社会的时候,做过一家食品公司的业务员,被拒绝了很多次,心中有了阴影,但主管要求继续拜访,也就是说你还要硬着头皮去再次询问曾经拒绝过你的人。我的心里有障碍,感觉很尴尬,但这是工作,只好硬着头皮上。结果很戏剧,在他的言语之间,竟然好像不认识我。我释然了,这是一次真实的经历。

你以为很重要的事情,别人早已遗忘了。我以前的各种纠结,各种豁出去,显得那么可笑。

所以停止你的猜测吧,这个世界很直观。

猜测是这个世界上最不靠谱的东西,你不能代替别人的思考,如果你对周围的人太过纠结,那只能说明你把自己看得太重。

开始我喜欢客客气气,现在我喜欢直来直去,人与人之间,如果表达不够明确,那就会存在太多纠结。我们因为怕尴尬付出了太多的努力,也耗费了太多精力。

后来的一段日子里,我都会要求沟通的人有话直说,不用考虑太多。我们都是为了解决问题,这样做是在避免浪费生命。的确如此,在我以后的日子里,我的生活过得很简练,所有的事情都很明确,再没有任何类似的纠结。

所以,不要纠结,请选择直来直去。

CHAPTER 3

第三章

时间与精力都耗在哪儿了?

1. 拖延症的真相

拖延症，是世界性难题，也是人性之一，很多人都是在逼不得已的时候才开始行动，然后就是乱了方寸。我曾经也写过一本拖延症之类的书，也看过很多类似的作品，但满意的不多。我认为因为人和人之间的差异化，拖延症难以有一种行之有效的方法来改进，所以，这才叫世界性难题。

◆ **当事人必须有意识地加强自我管理，才能从根源上改进**

我被派到贵州出差，要到天津机场乘坐飞机。

我要从北京坐高铁赶往天津。深冬的凌晨5点醒来，但还不愿起床，犹豫了10分钟，依然还得起床、洗漱、出门。很快上了地铁，到公司拿必要文件,然后去往北京南站。距离不算太远，可早上的北京中途堵车，于是马上换乘地铁，虽然很着急，但我坚信一定能赶得上。

然而计划终归是计划，地铁中缓慢拥挤的人群，浪费了不少的时间，等赶到火车站的时候，高铁还是开走了。

我马上去卖票窗口，看有没有紧随其后的高铁，很倒霉，最早的都在下午一点了。感觉脑袋有点慌，事实上就相差那10分钟。

飞机票可不能耽误，于是我马上乘地铁回家，决定开车去天津。

我开着车行驶在高速上，呼呼的风声掩盖了我内心的慌张，我不停地加速，时速保持在160迈左右，这是我开得最快的车，我必须这样做。因为没有去过那里，机场有没有车位？停车费会不会太贵？我最后决定在临近的地铁站停车，然后坐地铁直接去机场。运气还算不错，停车，上地铁，在最后10分钟，我赶上了飞机。

坐上飞机，我早已瘫在座位上，160迈的车速让我有点后怕。停车费会不会太贵这个问题我纠结了一路，因为我要在贵州待上5天的时间，随后便被繁忙的工作淹没了。

5天之后回家，代价是一个超速违章和200元的停车费，还有那张高铁车票，这就是10分钟的损失。

我有点警醒，也知道拖延症的后果，我承认，在以后的日子里，我稍微有了点改观，但还是没有彻底根治拖延症，就是这么难。

我要说的是，不是简单的几个方法就可以根治拖延症的。

我想起了当过兵的人，大部分都做事干练，不拖泥带水。可能改掉拖延症，的确需要很严酷的环境。

◆ 拖延症是相对的，而不是绝对的

这是我身边的故事，一个懒得出奇的丈夫，从来没有主动帮老婆做过任何家务，即使做，也是在老婆的不断催促下"英勇就义"。他老婆为此费劲周折，最后还是没有任何好转，于是干脆放弃了。

但是他的孩子出生后，这个人好像跟换了个人似的。只要是关于孩子的事情，哪怕是在不好的天气，孩子想吃什么，无论多晚都会跑出去买来。这让我们感到惊讶。

想到这件事情，我终于明白，很多你会拖延的事情，要么是你认为不重要，要么是你认为不值得。

我也是个拖延症患者，知道它会带来痛苦，同时也有点小享受。曾经有位老师对我说过："让你的念头跟上你的节奏。"

在我的生命中，总会有这样一种奇怪的现象：一件事情，当我察觉到它的某个细节会出问题，而我也想到了预备方案，但就是因为当时抱着侥幸心理没有去做，往往这个环节上就会出问题。这样的事情经历了很多，也让我后悔不已。

因此，凡事不要侥幸，是改正拖延症的一种方法。

◆ 我们并没有我们想的那么强大

我是一个热心的人，很多朋友有文字上的事情，如果实在自己做不来，就会让我帮忙，我一般都不会拒绝。

这种事情一般在年底的时候会比较多,因为各行各业的朋友都要开始写年终总结。但隔行如隔山,一位朋友曾半夜给我打电话说道:"我是实在不愿意麻烦你,但我自己憋了一个晚上,看看字数,才400多字,实在不知道写什么。"

这段时间是我最忙的时间,我知道年终总结很重要,面对很多朋友的请求,我宁愿去熬夜帮忙。

事情多了,总有纰漏,即使我全力去做,时间还是有点紧促,偶尔也会没按时给他们交稿。这种事情,看起来是种拖延,其实也是我们对自己能力预计过高和太热心的结果。

因此,不要过高估计自己的能力,事情及早入手,帮人时量力而行,也是战胜拖延症的方法。

◆ 不追求完美化

追求完美,这是一种性格,同时也是一个拖延的借口。我对此理解颇深,在很多时间,如果没能按时完成工作,最好的借口就是我想把事情做得再完美一点。我也有过很多这样的借口,当有了足够多的次数,你会发现,这好像成了真的一样,由此也成为了习惯。

总之,拖延症是世界上最大的难题,每个人或多或少都会有,我也看到过很多种方法,归根结底还是心态的问题,内在的驱动力,才是改变拖延症的唯一方法。

2. 抗击惰性生活方式：普瑞马法则

我多次写与惰性相关的内容，事实上，这并非重复，因为我总是渴望得到更好的建议。

我个人认为惰性对人生、效率的伤害很大，也让很多时间白白流失，确实很可恶，所以，每当遇到相关的专家，我最后都会咨询相关的问题。他们也承认不能解答得很完美，但同时也认为解决是必要的。

那天我无意中听到普瑞马法则，于是便开始研究它，希望能够从中受益。

如果把一件更难完成的事情放在比较容易完成的事情前面做，那更难完成的事情就可以成为比较容易完成的事情的强化刺激。

这是一个简单的定义，我感觉和以前的内容似乎有些矛盾，但仔细想想，两者并不冲突，一个是时间上的计划，一个是心态上的促进。

普瑞马法则，简单来说就是把不愿意做的事情放在愿意做的事情之前。一个人如果提前完成困难的、有挑战性的任务，随之工作意愿就会增长，后面的工作就会变得非常简单；相反，如果把简单的任务放在前面，工作意愿就会下降。

方法如下：

用一天或者两天的时间记录自己要做的事情，比如洗衣服、整理屋子、洗车等事情，你会发现，即使你生活得再简单，也会记录下十几件事情。记录下来之后，你首先要把必须完成的工作划掉。然后把剩余的事情按照你的喜好排列，把你最不喜欢做的事情放在第一位，最喜欢做的事情放在最后一位。

然后按照这个计划执行吧。坦白说，这有点困难，我在第一件事情上犹豫了很久，因为那是整理房间，是我最不愿意干的事情。但我必须按照计划来执行。

每天一早起来，从最不喜欢的事情开始做起，并且坚持做完第一件事情，再做第二件事情……这样一直做到最后一件你喜欢做的事情。只要坚持，你就能顺利进行下去。需要注意的是，千万不要跳过其中自己讨厌的某一项工作。

我坚持了一段时间，还是有效果的，理由大概是，如果我没能完成第一项，那么喜欢做的事情就不能做，这让我有了期待。

这是个不错的方法。我又由此想到学习，对于我来说，这比我不喜欢做的家务更加难以坚持,我尝试想办法解决。

我想到了解决大脑带给我们的惰性,但这是一个难题。为了找到一些依据,我查阅了很多资料,也尽力找了一些专家学者来探讨这个问题,答案都差强人意,但总算还是有了一些收获。

◆ 大脑与环境

单调的颜色容易让大脑感到疲劳,例如长时间开车,会感觉很困,那是因为单调的马路颜色让大脑很累。

我跟一位教育学家在说这个问题的时候,他说现在关于孩子的东西,无论是用品还是游乐设施,都会刻意设计成多种色彩,这有助于活跃孩子的大脑,促进孩子的大脑发育。让大脑活跃起来的外在因素,是尽量避免单调的色彩让自己昏昏欲睡。

此外,房间太乱、气味不美好、压力太大等也会给大脑带来负面的效果,我们应该从这几方面重视起来。

◆ 大脑生理特性

大脑高度集中精力只能维持 25 分钟,所以不要妄想把自己当成"思维超人",即使你愿意做超人,大脑也不愿意奉陪。

如果你感到大脑很累,先小睡一会儿,再继续学习。硬着头皮学习,实在不是一件理智的事情。

另外,缺水会让大脑失去清醒的思考。想想那些困在沙漠中的人，都是迷迷糊糊的，想来就是这个道理。此外，尽量少吃油腻的食物，这能让大脑保持清醒。

心情愉悦也会让大脑工作效率提高。

◆ **大脑与身体的互动**

这是一个很有趣的问题，大脑和身体随时都会沟通，以判断主人的意图，然后做出相应的回馈。比如，如果你总是赖在床上，大脑会认为你今天没有重要的事情要做，就会变得迟钝，所以在床上学习时的效率往往不高。

所以，当你要做一件事情的时候，不妨先让四肢动起来，给大脑发送一个紧急通知，这样的话，大脑效率会更高。

此外，多运动，强健的不单单是肌肉，大脑同时也在接受锻炼，让自己的协调性达到最好。

我是一个不爱运动的人，同时又从事脑力工作，长时间不运动，这时候就勉强大脑了，我的工作效率会变得特别低下，情绪也会受到影响，可能是大脑在发出"抗议"吧。每当此时，我都会强迫自己做运动。

当我们不再懒惰，同时善于学习，至少能够保证自己时刻都是一个上进的人。

3. 很遗憾，你只是在假装努力

记得小时候，我成绩不好，一回家就拿出书本开始看，但却没有任何作用。因为眼睛在看书，脑子却不知道飞往何处，而父母看到我在看书后，脸上欣慰的笑容甚至让我有点得意。

就算成绩不好，我已经"足够努力"了，这个理由用来安慰自己和父母相当不错。

离开学校，步入社会，你会发现这同样很重要。无论结果如何，态度值得认可，都能够让别人对你无话可说。

如果我们只是有一个好态度，却长期得不出好结果，难免会有看起来很忙的嫌疑。

不可否认的是，现代的职场想要上升一个层次很难。这让很多人看不到希望，但即使看不到希望，我们也要忙碌起来，以使自己得到安慰。

勤奋，从小到大都是好东西。我们一直在强调勤奋，但很多人在付出了一定努力之后，结果让我们不满意时，总会在心里抱怨:"我已经很努力了,为什么还这样?老天啊,你为何如此不公!"

一边假装努力,一边看不到成果;一边抱怨,一边慢慢习惯,然后慢慢变得平庸了。

我们以为自己努力了,便可以不去看结果,或者说得到不好的结果也可以自我安慰。我们不努力,要背上良心上的包袱;我们努力了,至少能够甩开这个良心包袱。所以很多人开始欺骗自己,做了一种假的努力。

让人变好的过程总是那么不舒服,我们喜欢变好,又不喜欢不舒服,那么只能摆着变好的架子了。

说说我健身的事情。健康的身体和大块的肌肉是很多人都想要的,我也如此。我办了一张卡直奔健身房。前3天很不错,从第4天开始,如果没有教练在旁边盯着,发现自己跑步永远跑不够40分钟,累了自己就会停下来,也会偶尔坚持,但不会拼命。然后我开始玩手机、看电视、休息,同时心里还在着急自己没有完成训练计划,汗都没有出一滴,于是继续在健身房泡着,一泡就是一下午,结果什么效果都没有,还消耗了大量的时间。泡到很晚了,就安慰自己:你好勤奋啊!

我听说国外开了一家免费的健身房,但是要交一定的押金,如果你按时训练,就会全部退还押金;如果不能坚持,那么押金是不会退的。我当时想，这个老板的脑子是不是坏了，这样做怎能盈利？现在看来，能坚持下来的人并不多，健身房老板是非常精明的。在面对押金不能退的情况下，很多人连假装勤奋都懒得做了，由此可见人性。努力是一件让人烦恼的事情，真努力更是如此。

扪心自问，自己是真的勤奋，还是假装努力？你的努力真的有效了吗？

除了健身，工作怎么样？

上班时，你是一直在勤奋打字中冥思苦想，还是整天逛着淘宝，看着无关的网页？

上课是聚精会神地听讲，还是只是人到了却趴在桌子上睡觉？

加班是在努力工作，还是装模作样地等着下班人流变少？

你的时间用得不比别人少，身体也挺疲惫，可得到的却比别人少，原因就在于你的努力没有效率。

那么，高效率在哪里？

高涨的情绪，是高效率的最好姿态。当你有着高涨的情绪，做什么都是那么轻快。情绪管理将在后面的文章中做详细说明，这里不再多说。

整理所有能整理的东西，用简洁的环境培养直达目的的行动方式，也是一个方法。曾经我不爱整理房间，总认为那无关效率。但很多时候，刚有点灵感，当需要四处寻找资料的时候，总也找不到，等找到后，你会发现灵感早已消失得无影无踪，只好重新聚集灵感，之前的时间显然是浪费了。

想做就认真做，不想做就放开玩。我做了一段时间的自由职业者，给我最深的感受是：工作和生活没有明显的界限，工作的时候想着生活，生活的时候想着工作，最后工作效率低下，生活也受到影响。如果有条件，尽量把工作和生活分开，不单单是时间上分开，在思想上也要彻底地分开。

其实方法大多数人都知道，重要的是想不想去做，我们的生活缺少的可能不是知识，而是自控能力的养成。

最理想的状态是有着明确的人生目标，明天起来不用迷茫，在上班途中不用想着怎样渡过中年危机等问题。上班用心干活，下班用心生活，每个环节都不拖泥带水，每天都在进步……

抛开外部世界不说，我们自己大多数不会为自己负责。我就这个问题跟很多位老师进行过沟通，总认为这段话能够触及自控能力的核心。

"我们的自控能力不强，源于对自己太过仁慈，总有各种各样的借口，无论真假，都可以安慰自己。所以很多时候，我们依赖于外界的强迫，如打卡制度以及管理制度。但即使在这种状态下，我们还是会放松自己。例如出工不出力、拖延等现象。解决之道，就是找到真正想做的事情、真正在乎的人，所有的一切都能迎刃而解。但这也不是能够轻易实现的，即使能实现，时间长了或者爱好工作化之后，也会产生厌烦的情绪。努力的人很多，成功的人却很少，抛开外部因素，许多人自身就是大难题。"

许多人习惯熬夜做事，早晨上班晕头转向，长期晚上不睡，白天缺觉，让你的身体越来越差，别说增加收入了，身体都快垮台了，这是一种典型的无效努力。

掌握好自己的作息时间，然后有节奏地做事，才是真正的努力。我基本上保持这样的习惯：每天晚上11点睡觉，早晨4点起床写东西，6点写完去上班，开始一天的工作。

自我认识和自控能力都很重要，有了清晰的自我认识，才能很好地培养自控能力。自控能力执掌着效率，相信每个人都在寻找正确的方法，即使找不到，也要意识到假努力的不良后果，然后再重新寻找别的方法。

4. 高效人生法则

从结果说起。

10年后，我的朋友们大多数在原地踏步，没有明显的进步，这值得我思考。

做业务的除了换了家公司之外，还是在做业务。很多做业务的人都自己当了老板，而我的朋友们却没有质的飞跃。

做设计的还是在做设计，除了换了很多家公司之外，什么都没有改变，随着年龄的增长，他们多的只是经验。

做文字的依然在做文字，我就是其中之一，一直没有大的飞跃。我有过想法，有过行动，但就是没有成果，这让我很苦恼。

朋友们2016年聚会，有位朋友就说自己要成立公司，大家一起干，而且听起来其实是靠谱的，因为他各种专业的人才都不缺，业务、谈判、设计、文案、执行，有想法的，能执行的，能吃苦的，脸皮厚的都不缺。但这个想法到2018年的时候，居然连聚会都聚不起来，大家都在忙着各自的工作。

可能是生活所迫，可能是别的原因，但在这方面就是没有高效起来，2年的时间已经过去，看起来仍然遥遥无期。

是没有勇气吗？是没有资金吗？是没有经验吗？还是3个和尚没水喝？我反复思考过这个问题，人生更需要高效。

我想到了人的性格。

我对自己有着清晰的自我认知，我从来不适合做什么决断，我想得很周全，但却没有迈步的勇气，需要一个人来替我做出决定。

所以，除非有决断能力的人和我配合，否则创业我一般是不会考虑的，因为我知道自己的弱点。当然也有一种情况，那就是没有公司接受我了，我走投无路了，只好自己来做。

我后来想了想，这还是一个借口，一个看起来很真实的借口。很长时间内，我揣着这个借口有点心安理得。

我虽然也在上班，内心却总是不甘心，而上面的借口总是在安慰着这种不甘心。人生短暂，需要高效，下面这些只能是建议吧，我是从很多成功人士的话中总结出来的。

◆ 先做了再说，不想困难

想得越久，行动力越差。很多事情不能拖，有了想法就马上去行动，途中遇到困难再想办法。这虽然看起来很莽撞，但是把自己逼到了绝路，只能前进，无法后退，硬着头皮向前，虽然不能保证必然成功，但这是成功的姿态。

我有一个合作者就是这样的。以我对他的了解，这个人并不善良，甚至有很多坏习惯，但他唯一的优点，就是无论什么事情，都是先做了再说，只要自己喜欢。在健康领域他有着自己的一片天地。

我们之间是合作关系，很多时候我会给他做案子，然后把前因后果、中间容易出现的问题说给他听。他显得有点不耐烦："专业的事情你去做，别怕出问题，出了问题再解决，哪有做一件事情是不出问题的。"

事实上有他这种想法做前提，我做的很多活动都放开了手脚，反而不会出现太多问题。同时，每次活动都有大胆的尝试，效果也特别好。

这种性格很可贵，也许很多成功者都有这种性格吧。我想起电影中钢铁侠在试验战甲的时候，面对机器人的担心，还是说出了那句"先做了再说"。

高效人生，勇气必不可少；上进很难，但也只属于勇敢的人。

◆ 敢于"放纵"自己

我是一个不敢畅想的人，所有的一切都显得那么中规中矩，同样没有什么亮点。我想起我上大学时候的一个同学，他轻狂到不可一世，这个人给我印象很深，现在成了某金融机构的顶梁柱。

记得上大学的时候，教我们金融的老师对自己很有信心，他总是说那些所谓的股票专家对自己推荐的股票都没有信心："他们那是什么水平，没有一点水平，我现在就推荐给你们股票，多了不敢说，每股收益两角钱还是有的！"

我这位同学看不惯老师的作风，当时就说："你这也不算什么水平，我推荐的保证翻一倍。"

老师被他气笑了，说要打个赌："如果你说的是真的，这学期你不用考试了，我的课程让你过；如果不是，你再怎么考也通不过。下次上课，记得带上你推荐的股票。"

我知道他对股票属于那种不能说一窍不通吧，但绝对没有他说的那么精通。但大话已经说出去了，不行也得行，听他的室友说，他为了赢，这几天里几乎都没睡过觉，一直在翻看资料。

后来，他赢了。我知道他这种人肯定有前途，后来的结果也不错。

这种轻狂让我很佩服，我即使对十拿九稳的事情，也要重新再估量一番，从来没有说过什么过头话。事实证明他的人生更加高效一些，有轻狂带着他，不努力都不行。

◆ 绞尽脑汁，达到目的就好

这件事情是我听朋友说的，很奇葩。

一个业务员，因为总是见不到负责这块儿的人，有点着急。大家都知道，这种没有背景的业务员，多得是想要见项目负责人的，如果人人都能见着，那是不可能的。而留给他的时间已经不多了，他开始想办法，去前台询问，得到的回答总是"没在"。多次预约未果，他就在公司外面等。

长时间在那儿耗着，总还是有点收获的。他知道负责人的车牌号，眼睛一眨不眨地在门外等着。等人确实不容易，尤其有时候还没反应过来，人家就开着车子走远了，好几次他都扑了一场空。

他最后还是想出了办法：自己开车在大门外等着，等负责人的车出来，他跟上，故意与他发生剐蹭。

当然，负责人还是挺生气的，但又不得不停下来处理事情。一切都已准备好，所有的赔偿他都无条件承担。他终于有机会说上话了，就在这短短十几分钟内，他把自己公司的情况介绍给负责人。负责人笑了，并邀请他来公司具体谈。

结果他并没有辜负这半个月的努力，他接到了这个单子。

◆ 有效，比什么都重要

看到别人努力，我也很努力；看到别人早起，我也早起；看到别人熬夜，我也熬夜……但看到别人的成果，我突然发现，我只是在"假努力"！这该如何是好？

深思熟虑之后，我才发现，努力只不过是招式，而有效才是心法。没有心法的招式看起来很漂亮，却没有任何杀伤力。我决定好好研究一下"有效"这两个字。死了给他人看那份心之后，我终于懂得了：不但要努力，还要强调收益。

高效的人生属于那些勇敢的人。有着不顾一切的热情，有着异于常人的坚持，你的人生才会是快节奏的"进行曲"。

5. 手机，打断思维的利器

早上9点的地铁里，一群人不顾拥挤，只要把两只手腾出来，就开始摆弄手机。

路上、公司，有人的地方就有手机，越来越多的意外和手机脱不开关系。

手机之害，大多数人都看在眼中，它对眼睛有着非常大的害处，更加有害的是，它浪费着你的时间，拖延着你的效率。更重要的是，手机将我们大块的时间划成了碎片，这是一件非常遗憾的事情。

大家都知道，很多事情需要长时间完成，比如，我要写一策划案子，需要长时间的思考，把构架理清楚，然后思考创意方面的东西，这期间如果被打扰，很多环节是需要重新思考的。

有一天，我在想标题里面的一个词，这需要在脑子里不断地填词、不断地替换，根本无法记下来。我的手机响了，一个推销的电话，我心中大为恼火，结果又耽误了30分钟时间。后来我学乖了,工作期间把手机调成静音,再也不能被打扰了。

手机内容越来越精彩,而且是海量的,如果都要看,便没法做正经事了。

如果没有手机,我估计晚上没有工作的话,我很早就睡着了,但看着手机,根本兴奋得睡不着觉。

我曾经对自己很放纵,不加控制地玩手机,熬夜到两三点钟是常有的事情。第二天起来,一点精神也没有,精神萎靡大半天,等下下午清醒了,上午的黄金时间也浪费掉了,很可惜。有一段时间,我回到家里就关机,精神才慢慢缓了过来。

坦白说,手机给我们带来很大的方便,同时也给我们带来了一些负面的东西,尤其会打断那些脑力工作者的思维,这是一件可恶的事情。当然不单单是手机,其他事情也可能打断你的思维,让你的时间不断浪费,降低效率,有时候也会犯错,甚至是大错。

新闻里不断传出因为家长看手机没看好孩子的新闻,这很让人心痛,这就是手机打断思维的具体表现,而且这种错误往往难以挽回。当自己在做一件重要的事情时,千万不要被别的事情打断,比如照顾孩子、开车等,也许就是几秒钟的时间,犯的错足以让人后悔一辈子。

我们在聚精会神的时候,往往是效率最高的时候,这时往往能攻克很多难题,值得认真对待。

一个想做自由职业的朋友辞职了，想要靠文字来赚钱，这样他可以自己安排时间。一段时间过去了，他来找我，跟我说了他的情况——效率低下。

他具体描绘了工作场景：早上起来，不知道为什么总是不想坐到电脑桌前，还有就是感觉累了就会在床上躺一会儿，整理一下思路，看一会儿手机，然后继续工作。尽管他很努力，但就是改不了这个毛病，问我有什么办法没有。

我笑着说："办法肯定是有，不知道适合不适合你。"首先坐到电脑桌前，找一个吸引自己到电脑前的理由。比如我是一个游戏爱好者，我首先想到的是游戏，而不是工作，这样的话，相对来说，坐到电脑前面要好受得多，习惯了就好了。

另一问题是，千万不要在工作期间躺在床上想东西，那样效率很低。如果累的话就会睡着，除非你有午睡的习惯，否则不要在白天工作时间躺在床上。工作累了，可以站起来走走。

还有，把手机调为静音，防止手机的干扰。只有我们的思维不被打断，才能保持高效的工作输出。如果被打断一次，心中就会有些烦躁，被打断的次数越多，效率就会变得越低。

我们的精力是有限的，可能一天中就那几个小时精力最旺盛，我们应该防止被手机之类的外界因素所干扰，由此来提高效率。

6. 精力管理（一）

一个人的精力是有限的，我深有感触。

刚毕业的时候，身上好像有用不完的劲儿，为了能够在大城市立足，我选择了疲劳战术，接了4份兼职。总感觉自己年轻，苦一点没有关系。

虽然工作让我感到辛苦，但这种充实感也让我感到快乐，我不知疲倦地努力工作，一天只休息4个小时。我以为这样的状态会持续很久，还标榜自己是工作狂人。

但现实就是现实，半个月之后，我感到我明显有了困意，白天上班的时候，逐渐打不起精神来了。为了完成工作，各种红牛、咖啡是少不了的，但精力还是跟不上。过了1个月，又出现新问题了，在接到一项繁重的任务之时，我会感到莫名地烦躁，这还不算，有时候还会感到头晕。次数多了，我有点紧张了。

我抽出时间去医院体检，医生说我有高血压。

"这怎么可能，我才多大啊！"虽然我的家族有高血压遗传史，但我的年龄得这种病的概率真是太低了。我有点紧张，挂了专家号。专家看了看说，也不是别的毛病，就是因为这段时间睡眠不足引起的。

我回到家，好好休息了一天之后，感觉好多了。但是第二天上班之后，我对工作还是莫名其妙地厌烦，后来我推掉了兼职，情况才逐渐好起来。

之后，我在无意中查看资料的时候，看到这样一种说法："人的精力是有限的，一天精神最好的时间，效率高而且敢于挑战，应该把精力放在难题上。"我开始研究精力，想尽力让这段黄金时间变得更长一点。

对于我来说，精力最旺盛的时间是上午10点到12点，很遗憾，只有这2个小时。这段时间，我无论是做创意还是做别的工作，都能做得非常好，思维面也比较广。

我曾经想一天就这2个小时也太少了点。后来，我发现一件事情。有一次我工作比较忙，居然不知不觉做到下午2点，效率也很高。我想可能是以前要吃午饭的原因，让我的思维被打断了。如果不吃午饭的话，我相信这段黄金时间会更长，但饭还是要吃的。

吃了午饭，大脑就要暂时休息了，如果再工作，则没有任何效率可言。这段时间是消化的时间，我选择四处走走，来帮助消化。

因为每个人都有差异，喜欢的食物不同，比如我喜欢比较清淡的食物，于是消化时间就减少了，能让大脑更快恢复到工作状态，当然，有些食物也具有消化醒脑的作用。有一次，我吃了一些粗粮，感觉挺好消化的，对大脑也没有任何影响，工作状态也很好。

关于午睡，很多公司都没有这个条件，但是午睡是非常有必要的，哪怕闭目养神15分钟，对工作状态都是有益的。我没有午睡的习惯，因为这种习惯需要长期保持，我有的时候需要在中午开会，或者出差，没有固定时间，所以没养成这个习惯。

睡眠时间非常重要。曾经我的睡眠毫无规律，同时发现，不但白天毫无精神，而且那个黄金时间也消失了，一整天变得浑浑噩噩。

我开始研究睡眠时间。对我来说，最合适的睡眠时间是晚上10点到早晨5点，5点之后起床，开始洗漱，然后赶车上班，开始工作。有时候不得不熬夜工作，但随之而来的就是白天的浑浑噩噩，所以，在没有特殊情况下，我尽量保持这个原则。个人建议成年人的睡眠时间保持在6~7个小时就已经足够，睡少了困，睡多了没有好处，纯属浪费时间。

睡眠质量因人而异，为了保证睡眠质量，我做过各种各样的努力，运动、喝牛奶，效果都不错。

不过，我认为最好的睡眠还是来源于本心的安静。我有一次心中很烦，无论我怎样运动，喝多少牛奶都不能改善睡眠质量。所以，如果有可能，最好在睡觉之前放空一切，"我们还有明天，烦恼解决不了任何问题"。我是这样认为的，也是这样做的。

当然，睡觉也有生理的原因。我爱跟一位老中医闲聊，他都70岁了，精神非常好。有一次我们说起了现代年轻人的睡眠质量问题，他这样说:"现在来调理的年轻人很多,都是睡不好觉,总体来说根本就是心态上的病,一句话:想得太多。但也没有办法,工作需要和社会因素不容易改变。再有就是现在的饮食结构,吃得太好也不好,加上不运动,容易上火,因此导致心情烦躁,睡眠质量不好……"

我没记下太多,大致有下面两点容易影响人的精力。

容易上火。由于工作忙碌,出差、压力等诸多因素容易引起上火,其实也没什么大问题,自己休养一段时间就行。我一般的解决方法是到中药店买点黄连泡水喝,虽然苦,但是很管用,第二天就能感觉身体清爽。

湿气。这个东西我一般不关注,听老中医说了一大堆,大概意思就是现在人吃的东西太凉,比如冰激凌、饮料、啤酒等,还有就是长期吹空调,导致身体中的废物排不出来,故而感觉到身体沉重,总是没有精神。

他给我的建议是在夏天多运动。我冒着中暑的危险试了试,还是管用的。

他多次强调不能想得太多,心态最关键,无论中药西药,都治不了心里的病,少一些杂念才是最好的。

好的睡眠,才会有更好的精力,一个人的精力弥足珍贵,管理好自己的精力,必将事半功倍。

7. 精力管理（二）

人的生活节奏，有的快，有的慢，没有定论。生活的节奏，也将影响你的精力。

我是一个慢性子，生活中很多事情能够保证不会拖延就已经不错了，但我在工作上又很积极。为了保证高效，我有我自己的一套方法。

手机的害处，我在前面的章节里已经介绍过了。但手机也有很大的好处，比如它能帮助你做好每天的计划，设置相关提醒，这些都是不错的功能。小到出门买东西，大到出差写报告，都可用相关APP来记录。最大的好处是不需要时刻记着某件事，提前记录好，大脑就可以放松了。在完成一件事情的时候，打开看看，做完的事情划掉，没做的事情继续做，就知道自己今天的工作完成得如何，再也不用担心忘掉什么事情了。而且时刻有人提醒着，也不会被突如其来的事情打乱计划。

说点题外话，现在人工智能真是太好用了，有的时候制定计划都不用手来操作了，你只要跟相关程序"说一声"就可以实现了，它会让你的计划更加简单。

事实上，难的不是计划，而是执行。我也有着相同的烦恼，因为我从来不缺计划，缺的是执行的动力。你认为重要的事情，即使不做计划，你也会按时执行；你认为不重要的事情，即使做了计划，你也有可能拖拉，所以我建议大家把重要的事情与不重要的事情标记出来，便于区分。

我喜欢研究APP，也喜欢它给我带来的高效。例如简单的一个语音输入法，可以在手指感到累的情况下，同样能输入文字，完成一些工作。

导航系统让我不但开车很方便，在找人的时候也很方便，大大提升了效率。

图片扫描软件，让我不用再一个字一个字地敲键盘，自动识别就可以了。

各种储存功能展示，让我没有必要非得拿着笔记本电脑去和客户谈。

各种记账软件让我生活得有条不紊，让我这个不爱记账的人，在算账的时候少了点烦恼。

你再也不用大费周折地在包里寻找公交卡、银行卡，一部手机就全都搞定了。

你再也不必为吃什么大费周折,有外卖,有各种推荐软件,一目了然。

……

这里感觉有点像给智能手机做广告,但我们为了更大的便捷,就要不断地学习,不断地尝试。新的科技层出不穷,我们离不开学习。

无论怎样,这是一个看结果的时代,没人听你解释,如果不能按时完成工作,的确有损形象。而如果你能有效地利用新的科技,则会为你节省许多精力,做事效率便可优于别人。

8. 精力管理（三）

劳逸结合，我以前不懂，也认为不重要，但事实上却并非如此。

我要感谢我的一位好朋友，他是一个很好的人，他教会了我劳逸结合。以前他总是叫我去爬山，我懒得去，便一概推掉，我感觉不应该在无谓的事情上浪费时间。

直到公司来了一个急活，没日没夜地大干了7天之后，终于完成，我起来出去走了走，感到很轻松。可以放松了，但是我有一种感觉，对后来的工作怎么也提不起兴趣来，甚至有点恶心，我无意中跟他说了一声。

"跟我去爬山吧，要不你就废了。"他笑道。

我说："好吧，试试吧。"

我耐着性子跟着他走了很久的山路，感觉身体有点舒畅了。

他说："你不懂劳逸结合，报废是迟早的事。以后工作之余，记得放松一下，多锻炼，同时也要多关注自己身体的异样，随时调整身体状态。"

我突然想到刚来北京的那段时间,那是我最快乐的时候,是打心底的快乐。因为我那时是做公司后勤的,不怎么用脑子,凭体力就行了。后来从事了脑力工作之后,再也找不到那份轻松与快乐了。

生命在于运动,劳逸结合是必要的。

可能大多数人都会感叹:天啊,工作没给我们休息的时间。我想说,要想劳逸结合,首先要按时完成自己的工作。

写一篇文章,就规定一个小时;做一个案子,用四个小时。时间和日程跟人生目标一样,有目标才能有努力的动力,否则拖拖拉拉,想到最后一两天做完,是绝对不可能的。

我对这个理解很深,也深受其害。

辞职了,原本想放松一下,但是又想干点什么,便接了一个工作。本来工作量不算很大,但总是拖到最后才完成。

第一天,我要休息,时间还长,玩得很愉快,不用想工作。

第二天,再等等,明天做,有的是时间,我暂时不打算找工作,没关系。

第三天,打开电脑看了一眼,同时看到网页上的电影推广,先看了再说,结果看到夜里12点,明天再说吧。

第四天,快要交稿了,我得抓紧,但是心还没有收回来,干坐了半天,最后还是放弃了。

第五天，努力了一下，还不错，但只是工作了半天，就休息了。

第六天，时间还来得及，今天不做了。

第七天，熬了24个小时终于做完了，交给对方，等睡醒之后，看到上面错别字非常多，于是很后悔。

如果没有计划，时间很容易流失，而且得不到预期的效果。最后工作没做好，也没有完全放松，于是开始悔不当初。

在工作上，我是这样来做计划的。

把没有难度的工作放在周一，反正也没有难度，日常工作而已，就是耗费点时间，心不在焉地完成也不会出太大的差错。大家都知道，星期一总要适应半天才能恢复到工作状态，浪费也是可惜，不如做点小活。

星期二，精力最旺盛的一天，没有周一的心不在焉，后几天也没有假期，干吧，把最难的工作放在这一天攻克，再好不过。

星期三，精力还是挺旺盛，比较难的工作如果没有做完，那就继续做；做完了，最好最后确认一遍，因为明天你的心思就没有这么"单纯"了。

星期四，安排一下日常，处理一下工作的尾巴就可以了。过了明天又是周末，你开始有点坐不住了，按部就班地接受点别的任务也是可以的。

星期五，收一下尾，看看以前的工作，捱不了几个小时就又周末了。需要提醒的是，尽量本周的工作本周完成，因为过了周末又得重新来过。

小时候总听老人说"早起三光，晚起三慌"，提前总是没错的。

明天要交的东西，你能不能昨天做完，留一天时间出来修改？如果在完成前的三小时你还在紧张地做工作，不是错误百出，就是思考不全面，最后返工的还是自己。

做事要提前，不要弄得紧巴巴的。这一点我做得很好，一般需要出行的话，我会提前半个小时；不需要出行的话，我会提前10分钟。基本上都会提前一天完成工作，第二天早上再看一遍，看有没有更好的想法，检查一下错误，长此以往，便会养成习惯。

工作，很多时候，是我们在与人性较劲，但也不都是如此。很多人做着喜欢的工作，心情就是不一样，无论困难有多大，对他来说都是一种享受，因为喜欢。

很多朋友都在说类似的问题。

我有时候也很惆怅，在烦躁的时候，总想辞职，然后当个出租车司机，因为我喜欢开车。就此，我和一位职业规划师谈论了一番。

"如果有选择的话，大家都不会选择工作，看看德国就知道了。但如果工作，会受制于各种因素，比如环境、收入，不可能人人都去做自己喜欢的，所以，我的建议是即使不喜欢，也得学会不抵触……"

根据他的说法，我归纳了以下几点：

没有完美的工作，一项工作总有它的长处和短处。比如业务员，很多人不愿去受那个罪，但是从长远来看，它的发展是非常好的。当你烦躁的时候想想这份工作的优点，可以说，即使你认为再不好的工作，都会有其优点，只是你不愿意看到它的长处罢了。

每份工作都有成就系统，工作性质不同，成就也就不同。如果你是一位厨师，至少你在生活中不会挨饿；如果你是管理者，你的人际关系肯定不错；如果你是文化工作者，你将会感到它带给你很多快乐。

努力，使工作小有成就，这是最直接的。可能你不喜欢工作，但别人的肯定和赞美，你是不会拒绝的，至少会让你感到自己有用武之地。也许你将来不会再持续做这种工作，但如果这份工作会给你带来美好的感受和回忆，那也是不错的。

学会和你的工作培养感情，是个不错的方法，如果不爱它，至少不讨厌它。当你习惯了，也许爱与不爱已经不重要了，效率已经提高，我们至少对工作是负责的。

9. 拖延症的死敌

不知道有多少人中过帕金森定律的毒：每做一项工作都喜欢无限拖延，结果就是越做越累。

举例来说吧：

小李是一名策划，做事总是喜欢拖沓，有能力马上处理好的事情，他也要为自己争取一点时间。在某个周五，他的上司让他写一个公司的市场策划案，小李一口答应，说保证漂亮完成任务。但为了能完成得更出色，能不能下周一再交。

上司点头默认。

小李很开心，其实他周五一个下午就能把工作完成，因为想轻松些，就把时间拉长了。为自己争取到了时间，就完全可以不急不躁了。

那小李会什么时候开始写他的策划方案呢？想准时完成工作有两个方案：

一是周五下午他就开始着手策划，并顺利完成。但他会交吗？

也许不会，即便完成了，他也不会交给他的上司，因为他已经把交案子的时间争取到周一了。再者，如果现在交的话，很有可能不但得不到表扬，还会遭来一顿数落，说他那么快就完成了，明明是敷衍，没有用心。

二是小李周日下午才开始做，因为他知道自己半天就能完成。既然如此，那为何要早早地去完成，拖延是人类的通病嘛。但下午有可能他会觉得占了自己的周末时间，然后一边惬意，一边工作，又拖沓到晚上，然后加班加点地去做案子。晚上的疲惫感很有可能使这个策划案缺乏创意，连小李自己都不满意。

小李选择了第二个方案。他明明周五有很充裕的时间，但就是没有按时完成，非要拖到周日。拖到周日也就算了，白天他还在电脑和手机上瞎逛，一直到了晚上，迫在眉睫了，他才开始工作，火急火燎地去完成。

帕金森定律告诉我们，你做一件事，时间花费得越长，你就会感觉越累。因为你给了自己足够长的时间，你会潜意识地告诉自己还有很多时间，也会让自己拖到最后的期限去完成这项工作。其实这样对自己来说，是非常累的，而且完成的结果还不是那么美丽。

关于帕金森定律，我也很能感同身受。因为我有点类似上面提到的小李，身为写稿人，我非常喜欢拖拉，不拖到最后一刻誓不罢休。

通常别人都会规定一个截稿日，在截稿日前的那些天，我都会非常惬意。通常到了最后15天时，就开始着急了，堆积如山的稿子还没写完，于是开夜车，夜夜熬到凌晨三四点钟，第二天早晨8点起来接着赶工，经常把自己累得够呛。其实完全没必要把自己折磨到那种境地，这完全是拖延惹的祸。

也就是说，工作越早完成，就会觉得越轻松；工作的时间越长，意志就越容易瓦解。

西里尔·诺斯古德·帕金森在他写的《帕金森定律》里讲过这么一个故事：

一位老太太想给她的侄女寄明信片，但她动作极慢，前前后后花了差不多将近4个小时来做这件事。她找明信片花了1个小时，找侄女的地址花了半个小时，写祝福词花了1个小时，去寄明信片考虑要不要带伞又花去了20分钟。

也许同一件事情，别人几分钟就搞定了，但有人却要花很长的时间来做。

帕金森定律给职场带来的启示是：工作不要拖到最后一分钟才去完成。我们需要压缩时间，不要把2个小时的工作拖到8个小时，紧迫的工作要比时间周期长的工作更有效果。

如果上司给你布置一个任务，而且给你的期限很短，你反而不会抱着侥幸拖沓的心理去对待它，你会进入紧张的工作中去，因为你知道自己的时间有限，必须抢时间完成。这样做其实会更高效，也会更有成就感。

你应该也能感同身受，有时候你坐在电脑前可能一天什么都没做，一点效率都没有，但当你用起心来，可能2个小时就把一天的工作做完了。与其一直把自己的工作时间放宽松，不如把自己的工作期限缩短，让自己的内心进入全心全意的世界里去，这样既节省时间又高效。

但生活中我们总是很难避开这样的事情，即便知道一件事情很重要，也不会在第一时间把它完成。很多时候，你一天明明可以做很多事情，但你却只给自己安排一件事，那件事可以一直拖拖拉拉地完成。例如你明明30分钟就可以看完一份报纸，而你却要看上半天；你写一篇稿子半天就可以写完，却非要拖沓一天……

朋友的老婆也是拖延症的典型，平常6点下班，回到家永远都是坐在沙发上优哉游哉，吃着小零食，刷着手机。到了11点就开始进入疯狂的状态中，对她老公吼："没重要的事情不要打扰我。"

因为经常熬夜，她白天的精神状态不是很好，身体的免疫能力也没有之前那么好了。

朋友给她老婆取了个绰号,叫"拖延妹",为的就是能警醒她改掉拖延的坏毛病。他老婆也没反驳,点头默认。

如果知道自己喜欢拖延,就要在心里不断地告诫自己,要做的那件事情非常重要,并许诺给自己一些小奖励,例如在规定时间内完成了就奖赏自己。

帕金森定律里典型的一条就是:"时间很多的时候,反而花更少的努力完成一项的工作;时间紧迫的时候,愈加努力,运用时间更有效率。"

那么,我们怎样克服这一难题呢?

面对这些,我们要做的就是提高工作效率,节省宝贵的时间,不要一天可以完成的事情非要拖到第三天才去做,那不止是在浪费自己的时间,更是在消耗自己的生命。

每天都提醒自己珍惜宝贵的时间,每次想懈怠的时候,都要告诉自己:千万不能拖延,拖延能拖垮自己的青春。

10. 这个世界正在惩罚没有自控力的人

　　曾经某段时间，我的时间仿佛不受自己控制，总会因为这样或者那样的因素受到干扰，我也知道，时间是很宝贵的，但就是不能理性地控制自己的时间，这让我很恼火。看到别人在玩，心里莫名地羡慕，可当自己真正浪费了时间之后，却并没有想象中的那么快乐，很多时候，这让我很后悔。

　　我开始研究我的时间为什么会失控？我要找到真正的原因。

　　这种失控感尤其是在过年放假的时候最为明显，总感觉自己什么都没做，时间就匆匆消失了。无意中听到《罗辑思维》中讲的"忘我境界"，大概就是如此吧。

　　电视剧还没有看几集，天就黑了；上床玩一会儿游戏，一天就过去了，自我感觉却是："这不是刚刚早上洗完脸吗？"

　　等发现时间过得飞快时，也已经晚了，便开始后悔，后悔自己做了些没有意义的事情。但是一旦有空闲时间，又忍不住要去做这些让自己后悔的事情。工作之余的时间，完全在我自己的放纵下消失了。

后悔还不是最糟糕的，最糟糕的是当别人拿出一些成绩的时候。比如说别人又学了一项技能，别人有了意外的收获，内心就会产生强烈的挫败感，甚至发现任何借口都安慰不了自己，情绪变得特别糟糕，同时又责怪自己没有定力。

让时间失控的人，往往对自己也难以掌控，一不小心，工作、学习、生活就会乱作一团。不要说什么进步了，就是把自己搞得有条理一点，都变得很难。提高自己的自控力，是必要的。一个让时间失控的人，一定也缺乏自控力，不能自控的人，其工作、学习、生活都很容易一团乱。所以提高自控力除了对工作有益之外，对心情、对身体都大有益处。

我想起小时候的一个朋友，他家里开着小卖部，每当他的父母要去干农活的时候，他就一边写作业，一边看店。小时候能做到这样，已经很了不起了。况且，那些干完活后无事可做的大妈们经常聚在小卖部门前大声谈笑，完全忘记了里面还有一个要写作业的孩子。但即使是这样，他的成绩依旧很好，而且他的作业经常被老师当作范本。

初中的时候，我们还在一个班上。那时候学校的条件并不好，尤其是夏天的时候，教室里没有空调，没有电扇，同学们都在外面的树底下乘凉，但他却独自一个人在教室里学习，难道他感觉不到热吗？

不出我所料，他考上了重点高中。之后我们便分开了，不经常来往，一过就是十几年，他现在应该混得不错吧。

控制力即定力，定力靠的是心。

在新闻上看到很多孩子的家长说讨厌跳广场舞的阿姨，因为那嘈杂的音乐影响了孩子的学习。我倒不是说阿姨们的做法是对的，但是看到我上面写的内容后，你是不是有些新的想法呢？

这个世界正在惩罚那些没有自控力的人。

减肥，也是个大命题。我的女同事们争先恐后地在减肥。坦白说，对于爱美的人来说，减肥是有必要的。苗条的身材的确很美，因此很多女孩为此付出了很多努力。

我的一位女同事就是减肥爱好者，她的减肥动力来源于一次逛街。中午，我们部门的几个同事一起去外面吃饭。吃完饭后，女孩子们都爱去周围的商店转转，我们也不好不跟着去。

"这个款式有我能穿的吗？"我的女同事拿着一款衣服问导购员。

"没有，女士，您再看看别的吧。"销售员礼貌地说。

"这款呢？"

"也没有。"

在一连问了十几次之后，销售员有点不耐烦了："要不您去对面转转看,那边大概有您能穿的。"

顺着她的手指,我看到了中老年服饰的店名。

我的女同事一言不发地走了,后来的几天里,再也没看到她大口大口地吃红烧肉了。

"真有毅力啊!"我们有点不敢相信。

某天中午,我们再次看到了她狼吞虎咽的身影。

"减肥有什么好的,专家说,太瘦的人容易得抑郁症。"

……

自控力不强的人,有太多的借口来安慰自己。如果心被安慰了,自控力也会随之被瓦解。一个有定力的人,往往总是告诉自己这件事情很重要,而且值得自己去付出,这样他的心自然会安静下来的。

我在请教了一些老师之后,总结出了这样的结论:

◆ 只做一件事

一心多用并不适合所有的人,事实上,专注于一件事的人自控能力更强。我尝试过一边走路,一边看书,不但记不住,而且容易摔跤,所以还是一心一意地做一件事吧。

◆ 强迫自己先做个样子

如果实在不想做事,那好,先来做一件小事,开个好头,慢慢静下来。周末的早上,我实在不想去看那些密密麻麻的工作。没办法,我总是强制自己先坐到电脑前再说,不管是浏览网页,还是做什么,绝不回到床上去。看了一会儿后,心便静下来了,然后再开始工作。

◆ 要循序渐进

专心半个小时容易,但如果是让你专心2个小时呢?思想开小差,内心开始纠结,就会觉得很痛苦。

我们不能强迫自己坚持2个小时,事实上,这2个小时你可能做什么都不会有很好的结果,还不如适当休息一下。专业也是一个循序渐进的过程,因此不要强迫自己。

◆ 远离消极的环境

永远不要小看环境对人的影响。如果你身边的人都是勤快的人,你也不好意思太懒;如果你身边都是行动力极强的人,你也会被他们所感染,所以找到能让自己不断变好的环境很重要。

◆ 适当犒劳自己

烟为什么难戒?有人说,香烟不单单是生理上的依赖,有时候更是心理上的依赖。

如果让一个烟民在做完一件事情后抽一根香烟,从心理上来说,这是对他的奖赏,长时间如此下来,如果突然某一天没有这个奖赏,他就会觉得很难过。

如果我们在做完一件事情后,也给自己点奖赏,那会不会在做事情的时候,也会变得积极一点呢?

◆ 积极的心理语言暗示

"我是优秀的,我能坚持下来!"这些积极的心理暗示会让你表现得更好。当你的内心想要退缩或者拖延时,一定要鼓励自己一下,我试过,效果还不错。

自控力决定着你优秀与否。我从来没见过一个拖沓的人会让人喜欢,更不用说让自己变得更好,如果你不是天才,请关注你的自控力。

CHAPTER 4

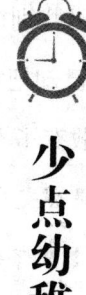

第四章

少点幼稚，就少些无谓的努力

1. 放任自己，等于让情绪持续失控

世界上最不痛快的事情就是自己找别扭。

明明是一件很小的事情，但自己却把它当成一件天大的事情来对待，不但浪费时间，最后还只收获了不良情绪。

有个年轻人想与女友约会，结果公交车久候不至，他愤然道："还要等到什么时候，公交车司机都死了吗？"他愤怒地抄起一块石头，把身后广告牌的玻璃砸碎了。随后他被警察带走了，约会时间也错过了。

生活中这样的事情比比皆是。每天早上的地铁塞满了一车的路怒症，可能一个眼神就会引发争斗，我就遇见过好多次。不知道他们在发怒之前有没有想过，双方大打出手之后，到派出所解决问题更浪费时间吧。

情绪的怒火足以烧毁任何东西，但是情绪的根源，难道只是外界在作祟吗？

我想到了野马定律。

在非洲草原上，有一种吸血蝙蝠，它们经常叮在野马的腿上吸血。不管野马怎样暴怒、狂奔、暴跳如雷，都丝毫不能阻止这些吸血蝙蝠的行为。它们总能在吃饱喝足后从容地离开，因而不少野马被蝙蝠折磨致死。

后来，动物学家发现吸血蝙蝠所吸的血量极少，远不足以使野马死去，野马真正的死因源于暴怒和狂奔。

我们经常听到不要生气的劝告，但却避免不了怒火中烧。事实上，生气本身就是情绪缺乏控制的表现，我们常常把生气的原因归结于别人做错了事或者说错了话，却不知道这不单单是外界的原因。大多数人都不愿意从自身找原因，因为太多人习惯了把过错归咎于他人，这样大概会让自己有一种满足感吧。

我们的不开心往往会造成更大的不开心，所以请你在生气的时候，也要想到坏情绪是有成本的。从某种程度上来说，生气对于人际关系的破坏性是巨大的！殊不知，外在的人和事物并不能伤害我们，倒是我们自身对这些事物的信念与态度让自己受到了伤害。

对于野马来说，吸血蝙蝠是一种外因，而野马对这一外因的剧烈情绪反应，才是造成它死亡的最直接原因。

我们周边最不缺少的就是生气的人，拥挤的公共交通工具上，时常能看到他们大打出手；工作环境中，太多人因为工作而吵吵闹闹；家庭中，生活的压力造就了太多夫妻反目、亲情离析……这些可怜的人，不正是因为外因而让自己变得接近疯狂的吗？这和那些野马有什么区别呢？

不要以为情绪不佳是小事，美国密歇根大学心理学家南迪·内森的一项研究发现，一般人的一生平均有 3/10 的时间处于情绪不佳的状态，所以，学会控制情绪是生活中一件生死攸关的大事。

自身修行，与他人无关，闷闷不乐或者忧心忡忡时，所要做的第一步就是找出原因。

丽是一名广告公司的职员，一向心平气和。可最近这阵子她却像换了一个人似的，对同事和丈夫都没好脸色，很多人都说她变了。

后来，她发现扰乱她心境的，竟然是担心自己会在公司人事安排中丢掉现有的职位。

"尽管我已被告知不会有变动，但我心里仍对此隐有不安。"她说。

一旦了解到自己真正害怕的是什么，她感觉轻松了许多。她说："我将这些内心的焦虑用语言明确表达出来，便发现事情并没有那么糟糕。"

"找出问题症结后，我开始充实自己，工作上也更加卖力。"结果她不仅消除了内心的焦虑，还由于工作出色而被委以重任。

"许多人都仅仅是将自己的情绪变化归之于外部发生的事，却忽视了它们很可能也与你身体内在的'生物节奏'有关。我们吃的食物、健康水平及精力状况，甚至一天中的不同时段，都能影响我们的情绪。"加州大学心理学教授罗伯特·塞伊说。

他在一项研究中发现，睡得很晚的人容易情绪不佳。此外，我们的精力往往在一天开始时处于高峰，在午后有所下降。

"也许一件坏事不一定在任何时候都能使你感到烦心，它往往是在你精力最差时影响你的心情。"塞伊说。

为此，他做过一个实验，他在一段时间里对100名实验者的情绪和体温变化进行了观察。他发现，当人们的体温在正常范围内并处于上升期时，他们的心情要更加愉快，而此时他们的精力也最充沛。

人的情绪变化是有周期的。塞伊本人就严格遵循着这一"生物节奏"的规律，他往往很早就开始工作。"我写作的最佳时间是早上，而在下午，我一般都用来会客和处理杂事，因为那时我的精力往往不够集中，更适合与人交谈。"他是根据自己的情绪来安排工作的。

如果你的情绪不佳，不应该只看到引爆情绪的那件事情，亲近自然、经常运动、合理饮食等因素也应该被考虑在内，当然，积极乐观的心态是最重要的。

"很多人往往将自己的消极情绪强加到现实里面,其实,周围环境从本质上来说没有好坏之分,是我们给它们强加了积极或消极的价值,问题的关键是你倾向选择哪一种。"心理学家米切尔·霍德斯说。

为此,霍德斯做了一个有趣的实验,他将同一张卡通漫画展示给两组实验者看,其中一组的人员被要求用牙齿咬着一支钢笔,这个姿势就像在微笑一样;另一组人员则必须将笔用嘴唇衔着,这种姿势使他们难以露出笑容。结果,霍德斯教授发现前一组比后一组被试者认为漫画更可笑。

心理学家兰迪·莱森讲了一个自己的故事:

"你看起来好像不高兴。"有一天,我的朋友告诉我。

他说得很有道理,紧锁的双眉和僵硬的面部表情传达给他这样的信息。我也意识到确实如此,于是,我便对着镜子尝试改变我的表情。我强迫自己对着镜子微笑,然后感觉到今天更加美好,心里的一点小烦恼也一扫而空了。

这个世界没有对错,错的是我们的心境。

在我们情绪不佳的时候,请别再纠结外部因素,应该第一时间从自身寻找原因,毕竟情绪问题最终都是自己在为其买单。只有有效控制了自己的情绪,我们的努力才会是高效的。

2. 该死的惯性思维

所有的痛苦来源于自己的坚持，所有的失落来源于对人的失望。

我们有了大脑之后，变得太过主观，变得太过相信自己。

"男人，没一个好东西"，这句话给我的震撼很大，如果说这话的女人是认真的，那估计说这句话的人一辈子都会带着阴影，很难再相信任何男人吧。

如果太过相信自己的曾经，那么惯性思维将影响你的一生。

变通这个词，很多年前就有，但是各种媒体经常把这个词解释成头脑灵活的意思，或者是那种投机取巧的伎俩，我对此有不同的看法。相对来说，认知上的变通才是最为关键的东西。

我们经常受困于惯性思维。

我是一个有点经验的策划人，我承认，很多经验在我脑海中依然根深蒂固。各类人群的喜好，我认为自己掌握得非常到位，自信到我将别人的反驳看成是一种无知。

一次活动给了我很大的教训。

我和主管在为这次户外拓展活动争吵：他的意见是安全第一，创意第二；而我的想法是，既然耗费精力来做这件事情，总要惊艳一把，新鲜和闪光点最为重要。

"你放心，我会想到每一个细节，安全问题绝对不是大问题。"

我们争执不下，最后在我打了包票之后，他还是屈服了。谁不想看到新鲜不断的闪光点呢，那是最直观的能力展现。

我信心满满，因为我做过类似的活动，从来没有出过任何问题。

这场为期三天的活动，第一天便将我的信心打碎了。

为了让整个活动好玩，我建议进入探险模式：所有人不带通讯器材，只能依靠纸质地图，在漫无边际的大山中自寻道路，寻找营地，然后才能吃饭和休息。

这帮年轻人对此感到十分新鲜，这个策划点也受到了老板的赞扬。大家全都信心满满，每人只带着两瓶水就出发了。那是5月份，天气已经很炎热了。信心熬不过体力，走到大约5公里的时候，有人已经撑不住了，我是做了准备的，后续车辆跟进，没有任何问题。但随后问题还是出现了，在夜幕降临的时候活动没有结束，那时候正是5月份，夜晚不似夏天来得那么迟，我忽略这个问题。更糟糕的是，大山中的雾气让我们看不到标志物，为了竞争，各个队伍之间的地图并不相同，设计的路线也不相同，于是谁都找不到谁了。

靠着手机微弱的灯光，我们在迟疑中慢慢行进，找不到方向。连我都彻底蒙了，打开手机导航没有任何作用，大山中的路，并不是全部都在导航的系统中。

老板打电话来开骂。我理解，这个时候队伍已经步行行进了26公里，接近人体极限，即使是真的拓展训练，也不能把他的销售队伍都练废了啊。

最后，我们不得不启动预案，让车辆寻找各支队伍。还好，在晚上10点的时候，终于集合完毕，算一下路程，已经步行行进了36公里，很多人的腿上脚上都有水泡和轻伤了。

我看了下主管，他也垂头丧气的，一切不必多说，我的坚持失败了。第二天参加活动的女生几乎都喊着腿疼，男生也有部分不能再进行下面的训练。老板批示，派车全部接回公司，活动取消。

经验有时让我们过度自信，让我们在错误的方向上坚持和努力。虽然说没有事情是十拿九稳的，但出了错误是谁都不愿意的。

我对大部分人有着特殊洞察力，这是一个策划人的本能反应，人好人坏，基本上看一眼便知大概。我对此也十分自信，甚至是自信过头，但总有被现实打脸的时候。

我们公司新来的设计，是个女孩子，情商几乎为零，平时想说什么便说什么，毫无顾忌。相处一段时间后，大家对她都十分厌恶。不过，她自己却无所谓，依然坚持自我。

我努力和她保持距离，避免尴尬。有段时间，我和同事竟然想合伙把她撵走，想想那个时候真是太不理智了。

有一次，行政部和我们部门发生了一些小矛盾，于是在公司发福利的时候，行政部故意把差一点的东西发给我们。我们大都想息事宁人，因为这本就是一件小事。但是她出马了，和行政部主管大吵了一架，拿回来好的东西发给了我们，我们很尴尬，因为当时竟然没一个人过去帮她。

这次事情之后，我对她的认知已经不再是铁板一块了，开始有了松动。在一次活动之后，我对她有了更深的认识。

那次活动，是我和另一同事负责的。但那位同事属于是比较懒的那种人，一般不会负责。我对主管这次的安排很不满，但没有时间调整了，我只好硬着头皮上阵。

一场400人的活动，所有物料、舞台、节目等相关准备全部让我一个人来弄，我有点吃不消，但却没人可以求助了。

这时候她过来了。原本她被安排在接待位置，也很忙。但忙完手头的工作后，她马上过来帮我，这让我有点感动。因为别的同事忙完手头的工作之后就休息了，这很正常，大家都挺累的。

她一直帮我忙到深夜2点多，在看到一切事情都快完成的时候,她回去休息了。我为之前对她的偏见而感到尴尬。

"你这个人有点执拗,也比较容易受伤害,你要改正。"我的一个学心理学的朋友对我说。

是的,很多时候,我比较相信自己的直觉,并以此为主要标准,这就形成了惯性思维,很多时候,难免有些偏见。

为了有比较大的改观,我尝试咨询了一位远方的朋友。我们聊过很多,他说的主要内容是:多与人沟通,避免活在自己的世界中。虽然每个人都有自己的三观和评判标准,但是多听听别人的看法也是必要的,不武断就是不把自己的想法当成唯一真理。世界上本来就没有黑白界限,我们要避免非黑即白的判断。

很多时候,是我们带着固执的想法误会了这个世界,从而走了很多弯路。

3. 疑心病——总有人想害我

"他是不是故意整我?"

"他是不是想给我挖坑?"

"惊弓之鸟"这个词用在这里想来也是合适的。职场上,谨慎点是没错的,因为这里聚集着各种各样的人。有的人会敞开胸怀,像一个天真的孩子;有的人靠嘴活着;有的人就是拉磨的驴子;有的人像"套子里的人"般放不开……

有人说情商是第一生产力,没错,情商高的人一般都混得如鱼得水。但职场总得有人干活,而所谓情商不高的人,可能不得不干活,他们也许处在职场最下游,生存得如履薄冰。但即使如此,也没必要过于谨慎。

我的朋友讲了这样一段故事:

我应聘到一家金融公司做营销,刚去的时候,就感觉这里的水实在太深了,每个人脸上都带着笑容,而且是很假的那种。他们的笑,让我感觉很不舒服,但我还是开启了热情模式,毕竟,我刚来，需要融入这个公司。

"明天跟我出差。"主管来到我的座位前说了一声。

刚来就出差，我也是醉了，而且是远在千里之外。但我不是以应届生的身份进来的，因此并没有给我太多拒绝的机会。

当天夜里，我失眠了。

"这是不是一家骗子公司？一下就让我到那么远的地方，他们有什么企图，会不会是传销组织或者是贩卖人口的……"

翻来覆去实在睡不着觉，只好等着天亮。为了保护自己，我甚至还随身带了保护用具。

第二天，我跟着主管来到千里之外的贵州。由于晚上没有休息好，第二天有点迷糊，摄像机的内存卡没有带，这怎么办？好在这个东西随处有卖的，算是过关了吧。

看到后来一切正常，我开始笑我自己的"谨慎"……

着急事情过去之后，我稍微有点放心，但以后的工作，我开始逃避交接物品的工作。因为我在公司听到传言说，曾经有人不谨慎，交接东西时没有搞清楚，自己赔偿了很多钱，因此，所有交接物品的工作，我都尽量不参与。

但是工作中难免遇到这样的情况，于是我只好硬着头皮，想了又想，然后搭上几天几夜的失眠，最后才小心翼翼地签了字。

另外，金钱上的往来，我也特别谨慎，因为我也听到相关的流言蜚语，如交接物品一样，因此所有的单子都要往财务跑很多次，问很多次才会处理。

让我感到最焦虑的是，主管把除我之外的人都叫过去开会，我就开始乱想，是不是有什么事情瞒着我，或者开会说对我不利的事情……

在这公司待了没几天，我觉得自己快得焦虑症了。

"你这想得够多的，和我有一拼了。"我笑着说。

其实，他的经历我也曾有过。也许，太过谨慎的人想得都不少，光是胡思乱想就耗费了很大的精力，同样，工作上就少了很多激情，因为总是"前怕狼，后怕虎"。

但是我有个好总监，他看出了我的心思。

"你只是个干活的，对同事和我的职位没有任何威胁，把工作干好就行了。"他直截了当地说出了我的顾虑，我这块心思也就放下了。

其实，我深知职场新人的为难。职场新人进入一个新环境，绞尽脑汁想让自己看起来不尴尬，是正常的。

不热情，显得自己太过孤独，不合群；太热情，又害怕别人说自己虚伪，防备自己。

不个性，别人会说自己没有创意，否定自己的工作能力；太个性，又害怕别人说自己张扬，会远离自己。

远离领导，同事会说自己没情商，不会来事儿；靠近领导，又害怕别人说自己是马屁精。

……

我也有过同样的困惑，为此我和一位职场规划师进行了沟通，他的很多话让我茅塞顿开："工作不是你的全部，可以在意，但不用太在乎，尤其对职场中的人，不必过于关心他们的内心。事实上，了解一个人的内心很难，不必为此浪费精力……"

他说了很多，我认为很有道理：

对同事也好，上司也罢，平等对待就可以了。你和他们一样，都是打工的，没有高低之分，不必迁就他们，有什么不满可以表达出来，不必过于在乎他人的感受，不要容忍别人的无礼。

我经历过这样一件事情，同事A无缘无故地说同事B的坏话，最后传到了B的耳朵里。B在一次员工大会上点名A，表达了自己的不满。事后，我观察了同事们的反应，大家明显都支持B。由此看来，公道自在人心。

大家都是来挣钱的，过了这8个小时后，各回各家，谈得来可以当朋友，谈不来当同事就好，没必要硬要搞得一团和气。职场并不是交心的地方，能够交到朋友只是你的幸运。

不必在意流言蜚语，八卦多得是，你解释得过来吗？有精力多放在工作上，多增加自己的资本。事实上，八卦说过就过了，没人会放在心上。

无论你有多大的能力，都不要过于坚持，因为每个公司有每个公司的环境和细节，只有虚心学习，才能稳固。

工作就是工作，不要指望人情。谁都愿意领功，没人愿意背过失，你指望用良心把责任划分得一清二楚是不可能的，也是不现实的。

抛开自己的玻璃心，因为谁都没有义务照顾你的感受，谁都没有义务关心的你的情绪。别人说什么不必太过在意，对于工作上的事情，看事不看人即可。

如果有要求，那就主动提出来。没人能猜出你的想法，你不说，大家都不知道，还是直白点好，这样大家都省心。

虽然杂念很小，但聚在一起就会很消耗你的精力。把职场本质看透，做好自己该做的工作，不必多想，把努力和精力用在该用的地方。

4. 努力的同时，还要一直学习

成功给我们自信，自信让我们骄傲，同时也会让我们自负。

很多年轻人都在创业，都在追求梦想，希望能够展现自我的价值。

前一段时间，工商局办了第一亿张营业执照，说明创业的人大有人在。当然有成功的，也有失败的，但不可否认他们都是努力的人，因为创业本身就不是一件可以懒惰的事情。

我的朋友小王，脑子中总是溢满了各种想法，创业、创业，还是创业，最终他开了一家德州扒鸡门店，生意很红火，这让他也更加有信心了。

他告诉我，创业并非想象的那么简单，你时刻都得学习。以前我只研究商业模式，认为已经很成熟了，但一个店开下来，才发现不会的东西实在是太多了，细节让你烦躁到睡不着觉。

选址的时候，你会发现没有你想的那么十全十美，你得有所取舍；

招聘的时候你会发现，即使面试不通过，也会有人去劳动局告你；

去办营业执照时，你会发现这其间的内容很多很杂，如果你只是搜百度，很多内容根本就查不到；

去注册商标的时候，你会发现竟然有那么多名字重复的情况；

等开张了，你会发现周围的邻居有太多的事情要跟你计较，比如客人车位问题，都很让人头疼；

……

他说了很多，我感到很惊讶。我没有想到一个简单的店面，竟然要付出这么多的努力和学习。

"远远不止这些，当第一家店你感觉做得不错，是否会考虑扩大经营？我失败就失败在这里，第一家店的成功给了我自信，我有点盲目扩张了，很狂妄地开了第二家店，可是第二家店经营不善同样会拖累了第一家店，结果就是两家店都倒闭了。"

他说得很认真，并没有任何水分："除了努力，你还需要谦虚，如果不学习，不能快速发展，那就是在倒退，老板不是那么好当的。"

我的表弟也是个创业狂人，虽然本身文化水平不高，但却有股子闯劲，结果还不错，他有了自己的团队，负责给人家贴壁纸，还拿下了一个建材聚集地的施工业务，赚了很多钱。他本想在这行做得长久一点，但不爱学习是他的硬伤，最终导致了失败。

前几年流行壁纸，他混得如鱼得水。但几年之后，壁纸慢慢退出市场，壁布开始盛行，可他的团队完全没有学习的意识，最终落了后。

他认为两者施工技术相近，于是就大胆地接了壁布的活儿，结果施工时出现了错误，导致验收不合格。至此，他还不知道去学习，当然也情有可原，因为他的壁纸业务并没有完全停掉，他想的是壁布不行就还贴壁纸，业务量还是很大。但危机很快来了，装修行业越来越讲究配套。

壁纸和装修一起做的团队最终赢得了市场，他开始变得被动了。因为装修不像贴壁纸那样好学，至少得有木工基础，现在学习已然来不及，再加上壁纸行业更新换代太快，他有点跟不上，最后导致养不起团队而解散。

有人说，精力放在哪里，哪里就会开花，其实也不尽然。如果只是盲目地努力，最后可能会以失败告终。尤其是不经过任何学习，没有任何沉淀，就进入一个陌生行业，那实在是太不理智了。

我的朋友是一位讲师，一位做营销的讲师，做得很成功，这种成功让他以为有了横行商圈的资本，可他忘记了成功不单单是理论支撑就可以的。

很多人都知道失败是成功之母，这句话真正的含义是失败后的经验会提高成功几率，但并不代表一定会成功。

这位朋友的课程很好，受到很多人的追捧，很多人听过他的课后创业成功，于是他也想自己创业。是的，他有这个自信。

从餐饮开始。

"吃饭是必要的，我感觉做这行很安全，只要不懒，就不会有大问题，我很有信心。"他说。乍听之下，这个道理没错，但他真正做起来，就遇到了我开头提到的那些问题。一个小店开下来，他瘦了30斤。

"辛苦钱，绝对是辛苦钱。"他苦笑着说。

虽然他很辛苦，但未来却并不明朗。终于，他于半年之后以失败告终，一些细节上的东西打败了他。当初他的自信欺骗了他，而他又不虚心学习，最后败在了细节上。

他又继续做服装生意，还是失败了，败在同样的问题上，即使他这次懂得了学习，但这里面的东西是学不完的，甚至有时候，即使你想不断地学习，也没人给你太多的时间。

"我还是乖乖讲课吧，可能我只适合当讲师，所以还是继续纸上谈兵吧！"

壁垒，是一个很专业的词汇，冲破壁垒需要付出太多的代价。有时候，即使鼓足勇气，花费大量的时间和精力，也不见得会有好的结果，努力是唯一的出路，但也要保持不断学习的姿态。

我想到了医生这个行业，在众多行业中它的收入是比较可观的，可是你想一下医生是付出多少努力去学习的，就肯定会认为这种结果是应得的。

我的一位朋友出生于医生世家，资源得天独厚，但即便如此，他也需要不停地努力学习。

他有多努力呢？他具体的课程我不了解，只是有一次我见他，那时他25岁，头发掉了一半，估计是用脑过度的结果。他一脸疲惫，面相早已失去了年轻人的活力。有一天，他看着电视剧上的医生说，这一点都不符合现实，医院那些专家都很"老相"，哪有这么多俊男靓女。"你以为毕业之后，冲破壁垒就可以安逸了吗？这只是入门，一些新技术你得学，一些新药品你要知道，还有数不清的学习，数不清的课程。"他说。

我想到了很多医生猝死的新闻，估计不单单是因为压力过大，还有长期用脑过度，也让他们的生命岌岌可危，但是这个职业就是这样。

努力，同时还要保持不断学习，这在将来或许是生存之道吧。社会更新换代太快，知识储备量也要跟上，虽然很累，但这个法则应该是没错的。

5. 即使努力没有结果，你也要继续努力

努力一定会有收获吗？不一定，但如果不努力的话，是一定不会有收获的。

很多人沉迷于网络游戏，我也是其中之一，后来反思，虽然知道这一切都是假的，但仍然有点乐此不疲，是不是有些病态了呢？我想出了沉迷游戏的关键——进度条。游戏世界中，即使是比登天还难的任务，都有进度条显示，也就是说，努力了，前路是明朗的，一点都不纠结。之所以还没有完成任务，是你还不够努力。

很遗憾，人生没有进度条，努力过后，不一定会有收获。

我曾经问过一位创业后又中途打工的朋友为什么放弃？他说："太累了，心累，每天都不能想睡就睡，都是困得不行了才睡的。我还是老老实实打工吧，能够活得自在点。"

为什么现在业务员难招？同样的道理，做出努力不一定有收获，但为了保证最好的状态，每天还要调整好心态，这是一件令

人纠结的事情。

即使看不到未来，也要自己创造希望。希望，是这个世界上最宝贵的东西，容易得到，也容易失去。

我看到过各种各样的努力，即使没有希望。其中，包括曾经和我交谈的那个老人。

那天，我无聊地在路边点燃一根香烟，准备消磨时间，却看到路边有一个有点邋遢的老人，身边的车上有很多酸枣（一种野生的果子），还有几只大狗。我对狗有着天生的喜爱，于是就凑了过去，并递上一根烟。老人看了看我，将烟接过去，悠然点上，虽然吞云吐雾，但却依然掩盖不住他内心的愁容。

那时已经是晚上9点多，路过的人本就不多，而他也不像是个做买卖的人，因为他把自己的摊位摆在了偏僻的角落，这让我很是不解。

我自认对人生的道理懂得不算少，至少理论上如此，这样可以和很多老年人愉快地交谈，而他们也愿意和我说点心里话。

"大爷，这么晚了还不回家啊？"我问道。

"嗯，没事，我也不指着挣多少钱，有多少算多少吧。"老人回答。

"自己住啊，孩子们也不管你？"我看到他脸上的孤单。

"我在山里住，孩子们出远门了，反正也没事。"老人说道。

一支烟灭了,我又递上去一支。老人估计也是闷得慌,找不到说话的人,看他养了3条狗就知道了,于是他对我打开了话匣子。

老人今年60多岁,有一个儿子。他一直住在山里,很勤快,以种地为生,偶尔也做点小买卖,这样的日子很不错,平静而踏实。几年前,他老婆因病去世了。生老病死,人之常情,悲伤又无可奈何,可日子依然得继续啊。

儿子不错,考上了大学,有了媳妇,最后还来到城里生活。但老人还是住在山里面,他不太习惯城里那么多人,嫌闹腾。随后有了孙子,儿子儿媳自己找保姆照顾孩子,而老人时常下山来看看孩子,但都是当天就回去。

我想了想也是有原因的,看老人衣衫不整的样子,估计是怕儿媳妇嫌弃吧,所以大多是逢年过节儿子开车回去看他。这样的日子还算可以,老人身体健康,一切都挺好。

那一年下大雪,儿子开车回家看他,路上遭遇了车祸,导致下半身瘫痪。发生了这样的巨变,儿媳妇并不是没有坚持,为了治病,她把房子卖了,把所有能卖的都卖了。白天儿媳妇去上班,老人在家照看儿子和孙子。为了补贴家用,他经常做点小买卖,真正的小买卖,用木头做点手工艺品卖了换钱。

这样的日子,虽然苦,毕竟还是能过的,但儿媳妇在坚持了几年之后,还是离开了。老人也能理解,长期过这样的日子,也是为难人家，对儿媳他并没有太多的不满。老人成了家中唯一的顶梁柱，全靠他来照顾儿子和孙子。

日子就这样在琐碎中悄然流逝着，照顾病人并没有想象的那么简单，孙子也到了该上幼儿园的年纪。这样反而好一点，至少中午饭不用给孙子做了，老人少了一份负担。

儿子逐渐能够生活自理了，老人想出去打工，可是没人要，因为年龄太大了。他只好回来再想别的办法。还不错，每年夏秋，看到山里面的果子，老人就摘点拿出去卖，没有成本，只要付出点辛苦就行。当然也不容易，酸枣本身就生长在悬崖峭壁上，加上有荆棘，还是很辛苦的。

这种野生的果子，城里人比较爱吃，10块钱一斤，也算合理.但谁又知道老人摔了多少跤，才把果子采下来。但总而言之，生意还算可以吧。

这生意只是在夏秋季节，冬天又该怎么办呢？老人特意养了几条狗，这样至少可以活跃生活的气息，因为这样的日子太难熬了，虽然活着，但却没有理由开心，也没有理由难过。这几条狗在秋冬时跟老人一起去山里抓野兔、野鸡之类的，又是一桩买卖。

"我不知道还能活多久，能不能把我孙子养大，只要把他养大，我儿子就有人照顾了，我也就放心了。活一天就努力做一天事情吧。"老人担忧地说道。的确，这样的生活让人看不到希望。

"好日子坏日子都得过，烦也不行啊！"我淡淡地说道。

老人没再说什么。

不知不觉已经到 11 点了，我该回家了。我摸了摸兜里还有 50 块钱，于是给了老人，老人把半袋子酸枣给了我。我们之间没有客气，他的确太需要钱了。老人递给我一支烟。

"我自己卷的。"老人说。

我笑着接了过来，扛着半袋子酸枣回家了。

回到家，这半袋子酸枣吃了十几天，吃完了，这段故事我却记下了。后来，我想老人会不会明天后天还会来，于是每次路过那里的时候，我总是瞪大眼睛注意看着，可是却再也没见过，之后便慢慢淡忘了。

其实，有些日子是烦躁的，毕竟我们都是吃五谷杂粮的人，都有感觉。如意的生活总是让人舒服，而磕磕绊绊的人生必将难以让人心平气和，但那又怎样，即使最没有希望的日子，还是得过啊。

即使看不到未来，生活也得继续努力。

6. 努力打击别人，不如强大自己

有人的地方就有江湖，因此争斗在所难免。

人们争斗的方式多种多样，例如釜底抽薪。坦白说，给别人以打击会有报复的快感，但结果往往并不如意。

我无意中进入一家内部争斗比较厉害的公司，一进门就要站队，双方斗得不亦乐乎。我是一个不喜欢勾心斗角的人，也不喜欢站队，当然这样做的后果是，工作出了纰漏都往我身上推，因为我孤木难支，人也老实，比较好推。即使是这样，我还是坚持做好自己的事情，因为我并不擅长斗争，对你来我往的明争暗斗缺乏兴趣。好在，我看清了这场好戏。

营销部和行政部相互拆台，其中的原因我并不十分明了，可能是有利益在里面吧，而我是属于营销部的策划。

在这里，我简单介绍下两个部门的关系：营销部主要负责策划、图文，行政部主要负责执行。行政部的人比较多，而营销部的人比较少。

一场活动下来,双方人马到场,开始商量合作。从一开始,行政部的人就抱怨说人手不够,需要第三方的配合;而营销部在策划期间是考虑过人手问题的,认为人手足够了,就是会比较忙而已。双方各不想让,最后实在没有办法,营销部决定安保人员采用第三方提供的形式,行政部这才罢休。营销部有条不紊地准备着案子,行政部也做着各种准备工作。

◆ 第一回合:

行政部:我们部门都是女孩,你们营销部的要派几个男的过来帮忙运送。

营销部:我们部门的人都有用途,各司其职,到时候忙不过来。

结果:接待工作不完善,参会人员拥挤在接待处,造成很大的麻烦;营销部暂时没有什么不利局面,营销部暂时赢了一局。

◆ 第二回合:

营销部:由于参会人员众多,相关物料需要手工调整,需要行政部帮忙。

行政部:我们的接待工作已经完成,我们的人都累得够呛,明天还有会场的工作,我们派不出人手。

结果:营销部几个人完成了一千份宣传物料的准备工作。由于人手缺乏，重要人士的拍照工作有所耽误；行政部暂时没有损失。

◆ **第三回合：**

完全按照方案准备会场，双方并没有进行商讨。

结果：由于第三方安保人员对参会人员的安排并不熟悉，只是负责人流的疏导，对突发事件没有处理能力，发生了一场混乱，双方开始甩锅。

营销部因为后台人手不够，没人提醒上场人员，导致节目出现延迟，稍微有点冷场，但没有大失误。

行政部由于营销部不派人员配合，紧急物资送不到会场，导致相关节目有点延迟。

营销部由于后台人手不够，导致物资准备不够，没能让礼仪小姐及时找到奖杯，颁奖环节发生小尴尬。

行政部由于营销部不配合临时节目调整，而导致会场出现行政人员误上台，并说错台词。

……

这是一场失败的大会，漏洞百出。双方开始在老板的办公室里甩锅。老板很生气，扣除双方总监这个月的奖金。

如果双方能够配合一下呢？可能就不会有这么多问题出现了吧。

为了打击对手，很多人都在努力给对方"使绊子"。坦白说，这即使成功，也只是暂时的，努力强大自己才能无所畏惧。

《闯关东》中有一段故事非常精彩：潘五爷看不惯朱开山来本地开饭馆，使用了各种各样的手段，无奈朱开山是个见过世面的人，对多次为难都化险为夷。

用假死人诬陷朱开山做的菜里有毒，并借此想把朱家赶出这条街。他的诡计被朱开山识破，轻易化解了这场诬陷，并让潘五爷当众出丑。

潘五爷蛊惑利用丐帮去饭馆里闹事，朱开山的宽厚感动了这群人，再次化解了这次故意为难。

潘五爷找了一个人，用自己都不知道的"油炸冰溜子"去为难朱家，没想到朱开山刚好见过这道菜，再次破解难题。

最后，潘五爷不依不饶地对朱开山发动最后一次挑衅，朱家再次接招，这次朱开山利用儿子的人脉关系赢了这场赌局，潘五爷以失败告终。

努力打击敌人，并不能使自己强大，相反，如果敌人有着强大的实力并且不断强大自己，你是压不服的，最后只能以失败告终。

我在工作中见过各种各样的人，同事之间吵架是常有的事情，大家都是有想法的人，聚在一起各自坚持自己的主张，谁也说服不了谁，最后难免情绪失控。

小洛是公司的文案，水平一般，但也有过不错的业绩，受到过客户的好评。小丽是公司的项目经理，同样有过优异的业绩。双方都是坚持己见的人。

在一次创意大会上，小丽先说了自己的想法，小洛表示反对，并说出自己的理由。小丽同样反对小洛的说法，并说明理由。双方僵持不下，那就举手表决吧，可戏剧性的一幕出现了，双方的支持人数一样多，场面有点尴尬。

小洛开始有点急躁了："连常识性的错误都犯，还当什么项目经理。"

"你那个说法根本站不住脚，还自称有丰富的经验。"

双方开始了人身攻击，大家一时也拦不住，只好将老板叫来，这才平息了这场战斗。最后小丽被气得住院，小洛也被停职。

我后来听人事部的人说，老板在衡量这两个人的能力，闹到这种地步，只能开走一个。最后人事部门一致认为小洛虽然也很优秀，但小丽略胜一筹，再者小丽比小洛更加踏实，也更加努力，小洛有点不上进的感觉，最后决定开除小洛。

小洛带着委屈离开了。

你有强大的资本，才有争斗的权利，才能保证最后获得胜利。如果没有资本，就需要不断强化自己，当自己足够优秀，足以面对各种各样的难题,那个时候才会不惧任何挑战。

　　有反对的声音很常见,我会选择用事实打败他之后,还能够使工作顺利进行,这更加需要具备专业能力。

　　因此,无论怎样,努力强大自己才是关键。

7. 不要为了依赖，舍去一切

依赖，这个词里面蕴含着舒服，不用去奋斗、不用去承担，为了依赖，很多人丧失了尊严、自信、性格。

我想到一个字——奴。

"房奴""车奴""守财奴"……当我们太过执着于一件事情之后，就几乎变成这件事情的奴隶。有的是好的，充满爱与关怀，比如说"女儿奴"，爸爸的爱溢满了这个词；有的充满了无奈与不敢抗争，因为在某些方面对别人有依赖性。

我想到了"啃老族"，这个群体中也有不少人，自己不想付出努力去辛苦工作，只能依赖家中年迈的父母。当然，这种依赖有时候并没有什么需要付出的，因为是血缘关系，父母的爱足以掩盖这类人的懒惰。

"如果你感到生活轻松，那肯定有人替你负重前行。"这句话说得很对，"啃老族"的背后是辛苦的父母。他们中的一些人懂得感恩，有些人甚至连感恩都不懂，吃着父母，喝着父母，还怪父母没有给他们提供更好的生活。

邻居阿姨年轻的时候丈夫就去世了，自己独自带着一儿一女生活。因为怕孩子受苦，这位阿姨白天工作，晚上照顾家里。过于繁忙的她忽视了子女的教育问题，虽然姐姐一直比较听话，但儿子却变得很骄横。可是没有办法，这位阿姨总得出去挣钱养家吧。

无论怎样，日子都过得越来越好了，女儿嫁人了，儿子也娶了媳妇。儿子女儿都有了自己的生活，女儿当了一名教师，儿子在开出租车，虽然没有大富大贵，但邻居阿姨终于可以松一口气，歇歇了。

阿姨自己也老了，由于年轻时过于操劳，她的肝脏出了问题，需要住院，所有的事情都落在了女儿的身上。女儿并没有怨言，知道弟弟开出租车很辛苦，大家倒也相安无事。但是到了拿医药费的时候，儿子总是不愿意拿钱，妈妈和姐姐有点生气，双方为此大吵一架后，姐姐还是承担了所有的医疗费。

出院后，阿姨需要卧床休养一段时间。因为她再也不能照顾儿子儿媳，不能为他们做饭洗衣了，所以她成了他们的眼中钉，一来二去，又发生了口角。

"你说你都给我置办了什么产业？什么都没有，以至于到现在，我只能靠开出租车维持生活。"阿姨一脸委屈地重复着儿子的话。

我不好多说什么，因为这毕竟是别人的家事。我就劝阿姨想开些,一家人在一起生活总会有磕磕绊绊,别太往心里去。

阿姨一直在数落她儿子的不是,我还劝阿姨,这种事情最好少跟别人说,让儿子听到了不好。我想到的是尽量减少母子之间的矛盾。

看到阿姨的眼泪,我心里也很触动。中国人都讲究养儿防老,没想到却养了这么一个儿子,阿姨的脸上从此以后再也没有了笑容。

是的,"啃老族"这种依赖"理直气壮",要怪只能怪小时候教育不到位吧。但进入社会之后,你的依赖是要付出代价和努力的,想要分享别人艰辛获得的成果,不是那么容易的。

有一个能干的女朋友,是很多人梦寐以求的事情。我看到过这样一句话:现在生活太难了,谁都渴望自己的另一半能和自己一起分担。是的,这种女朋友被我的朋友小马找到了。她是一家公司的副总裁,而小马充其量只是一个设计主管,也不知道他们是怎么在一起的。很多人都羡慕小马的好命。

"会不会有压力?"我曾经这样问过小马。

"一开始会有,后来也习惯了,她从来不依靠我什么,好像是我现在有点依赖她了。"他这样说道。也许正是因为有了这样坚实的后盾,所以小马开始对工作不再用心,工作也是敷衍了事。时间长了,老板终于看不过去了,和他进行了一次交谈。他之后有所收敛，但远远没有原来那般踏实。

有了女朋友这个资本后，他的心开始浮躁。设计这种工作，是要被不断挑剔的。一次，甲方负责人来到公司，在讨论会上，表示这次的包装设计有点糟糕，小马当时很生气，说那是他熬了几个深夜才做出来的。甲方仍然对此抓住不放，说起来没完。

"你要感觉不行的话，你来做一个方案给我看看。我做方案时你说修改就修改，到最后你又全盘否定，我不知道你到底想要什么？"小马生气地回复。

最后双方不欢而散。

这是乙方的大忌，至少说明工作态度上有问题。无论甲方专业不专业，乙方都需要低调。会后，老板和这个项目的同事开始责怪小马的冲动。

小马一气之下辞职了，没有任何商量的余地。

对于小马这次辞职，他女朋友没有说什么，还给他提供了一些帮助。但小马开始变得挑剔起来，很多宝贵的机会都丧失了。

几个月之后，小马还是没有找到合适的工作。

"要不你自己做个工作室也行，我支持你！肯定比上班要好一点。"他女朋友建议道。小马当时也没听进去，这段时间，小马也有了一些变化，在家里，他把所有的家务都承包了，学会了做饭等女朋友回家。

这样的日子，平静又快乐，小马对女朋友比之前更好了。

渐渐地，到了谈婚论嫁的日子，小马跟他女朋友回家见了未来的岳父岳母。当谈到工作的时候，小马一脸的尴尬，自己现在没有工作，也不会撒谎，最后还是女朋友过来，才缓解了尴尬的局面。但女朋友父母眼神中的不满他都看在眼中。

这次的见面，给他的生活带来了转折。"你还是出去找个工作吧，你看我父母都希望他们未来的女婿能够有自己的事业。我承认，我现在工作还行，但是你也得有一些成就啊！"女朋友语重心长地说。

"我在家照顾你就好。"小马说得略有些气短。

他女朋友没再说什么，小马之后对女朋友照顾得更是无微不至。但是职场里面从来没有永久的安稳，他女朋友的工作有一些不顺心，脾气也变得差起来。小马忍受了一切，并没有半句怨言。

生活都是艰辛的，不在这里艰辛，就是那里艰辛。

分手悄悄酝酿在看似平淡的生活中。小马并没有什么感觉，但女朋友看他的眼神却再也不似以前那般温柔，交流也越来越少，两个人之间开始有了隔阂。

一个雨天，他们再次发生了争吵。女朋友的工作再次出现了危机，而这个下雨的深夜，小马睡着了，没有接到女朋友的电话。他们回来就开始争吵，原因是小马没有去接她。

"我工作那么辛苦,承受那么大的压力,而你却在家一直待着,这让我很没有安全感!"她有些激动。

"我照顾你照顾得还不够好吗?你发脾气时我从来没有任何反驳,只有忍耐,你还想怎么样!"小马委屈地说。

……

后来的几个月里,他们之间又发生过类似的争吵。可能是缘分已尽,他们最后还是各奔东西。小马跟我说的时候有些委屈。

既然你要在经济上依赖对方,那就应该在生活上无微不至,如果对方什么都不能依靠你,又要你做什么呢?何况对方还是女孩子,本来就是需要照顾的。

还有一些问题就是,你们没有共同进步,早已没有共同语言,你既然依赖对方,那就应该同对方一起成长,时刻与对方保持在同一水平线上才好。

最后,我劝类似小马的年轻人还是出去奋斗吧,找回自己的灵魂与斗志,你的工作难,别人的工作也不容易,你选择逃避,就是把困难甩给了别人,女孩能力再强,承受能力也是有限的。

做一个独立的自己,不管你身边的人有怎样的资本,都要时刻保持说话的权利,只有不依赖对方,平等相处,才能长久地和谐下去。

与其为依赖别人而努力,不如努力成就自己。

8. 不要为了赞美而过度努力

被别人赞美是美妙的,每个人都渴望如此,所以我们不停地在努力,甚至为此过度努力。赞美和肯定不尽相同,赞美或许是别人的一种礼貌行为,而非发自内心,肯定则是别人由内而发的认可。

赞美,这件事情我们经常会遇到,诸如"您今天真漂亮""这是我们团队的实力干将",里面固然有肯定的成分,但更多的是出于礼貌与有目的的追捧。

我曾经和做家教的朋友谈论过这个问题,他说表扬赞美孩子,能够让孩子获得更大的自信。我问他,假如孩子进入社会,得不到这么多的赞美,那他会不会很失落?

"是的,这是个问题。但总体来看,还是利大于弊,至于弊端,是能在成长过程中纠正的。"他想了一下说。

如果失去别人的关注就会沮丧,如果失去别人的赞美就会失落。这不舒服的感觉,它逼迫我们不停地刷存在感。

其实，大可不必如此。

单位来了一个新设计，1995年的，我稍微知道点这个年龄段的人的心理，所以在刚开始阶段，我对她的工作没有任何的否定。我是想等我们熟悉后，再把真实的情况告诉她，以免有欺生的嫌疑。但我忽略了一件事情，工作是不会给你这么多缓冲时间的。

在不忙的时候，我们都出于礼貌对她的作品表示赞美，以鼓励她的主动性，从而为团队带来点新鲜感。坦白说，现在的孩子就工作而言也是有长处的，比如互联网思维，我们可能就不如他们，这并非是由经验决定的。

我们的刻意关照，让她有了主动性，对于任何一件工作都是如此。公司突然有件急活，所有人都开始进入紧急状态，大家没有时间再关照她了，她的情绪马上就来了。

一个背景设计，老板强调一定要用党政风，我们照做。但是到她的环节，她始终无法理解那种风格，或者说她本身有点抗拒这种严肃的风格。我们就不停地和她沟通。

"这是老板强调的，我具体考虑了一下，老板说的也有道理，这次活动必须要严肃一点。"我说道。

"我还是感觉那样太死板了，你看我这样不是挺好的吗？"她说。

"是不错，不过不适用于这次活动。"我再次强调道。

"那好吧，我再重新出一版设计。"她有点无奈。

我马上去汇报工作，经过她的办公桌时，发现她好像在想些什么，有点心不在焉。她看我过来，泪水在眼眶里打转。我问她怎么了，她也没说什么。

第二天，她竟然提出辞职。我有点生气，她选在这正需要人的关键时刻辞职有些不厚道。不过我也感到无奈，如果她有很大的情绪，是完不成工作的，所以我草草地同她谈了一次。我对人事说，看她个人意愿。

我没时间去顾及她的情绪，马上联系第三方设计公司，救了急。也许是因为太忙，所以没时间想这些事情。

回头想一想，也许是我们的赞美害了她，如果从一开始就苛刻，说不定她内心就不会这么"玻璃"了。好心办了坏事，我们团队所有人都引以为戒。

但我同时想到：别人的赞美就那么重要吗？足以让你的情绪受到那么大的影响？可能这是成长环境造成的吧。

我想到了一个奇葩的人，一件奇葩的事情。

我的一个朋友生长在没有父爱的环境中，从小便少一个人的关注和赞美。进入社会后，她虽然年龄也不小了，但仍然天真得像是一个小女孩，有着小女孩的那些心思。

入职第一天，她送给她的上司一个布娃娃。她的上司也是女人，在工作场合收到这样的礼物，还是第一次，感到挺新鲜的。上司对我这个朋友表示了感谢，我的朋友感觉受到鼓励，便将这种行为变本加厉。

第二天，她又送给上司一盆小花。她的上司也不好说什么，毕竟知道小姑娘没有恶意。

随后，她开始将这种方式在同事间复制。她的同事们对她很有好感，因为至少对方是送礼来的，不管送了什么吧，所以大家对她特别照顾，她也很受用。

长此以往，同事们虽然没说什么，但她的上司感觉很烦，究其原因，还是她工作能力不强，使她的上司对她颇为不满。当她再次送面膜给上司的时候，她的上司发话了。

"你把心用在工作上行不行，别每天整这些没用的！"她上司很生气地说道。

工作能力并不是说说就能够提升的，面对上司的压力，她只好选择了离开。

"别整那些没用的！"其实，她对我也是这样的，可能和成长环境有很大的关系吧，她不愿去理性思考任何一个问题。工作能力不强，导致她得用这样的手段来博取她人的好感和赞美，但她忘记了，职场是要干活的。

生活中，谁都想获得赞美，无论真与假，人人都会喜欢。但如果你作为一个管理者或者团队的领导者，执着于赞美的话，会把你的团队带入深渊。

2016年的夏天，我去了一家广告公司，看到老板那儒雅的气质，我没有多想，就去上班了。公司不大，人事关系也很简单，但这都是我认为的，后面的日子里，我渐渐看到了真相。

一般来说，这种乙方公司都是凭能力生存的，不需要刻意恭维谁，只要拿出能力，一切都好说。我认为这对我来说是有利的，我不擅长职场中虚与委蛇那套，只会干活，自认为能力还行，至少足以应付这种公司。

但我还是想错了。入职的第一天，老板带着我们去开创意大会，说到一个项目的时候，说了她的看法，我有不同的想法，然后说了出来。从老板的脸上我看到了些许不悦。我知道，没人愿意接受别人的否定，但我想的是我刚来公司，肯定要展现一下我的能力，当时我并没有多想。没想到这个行为，最终竟然导致老板不喜欢我。

但我认为，你喜欢不喜欢我，真的不重要，我已经过了靠取悦他人吃饭的年纪，我靠的是我的能力和努力，所以依然我行我素，而老板则越来越不耐烦。

后来，我学乖了。变得不再有什么想法就直接说出来，我认为这样会好点，但结果是老板指责我们工作不努力。我哑然了，听你的也不是，不听你的也不是。我迷茫了。

　　直到公司来了一个特别会来事儿的小姑娘，她每天把老板哄得特别开心，老板就把她的意见当成是真理一样的存在。看到这里，我彻底明白了。

　　我开始没有主动性了，我认为努力工作已经没有任何意义了。到了年底，我辞职了，感觉在这个公司上班真的没什么前途。

　　就在我辞职后不久，公司也因为经营不善而倒闭了。这是预料之中的事情，老板那么爱听别人的赞美，那么爱听别人说他的好话，真正的人才是不会卖力的，因为看不到希望。

　　为了得到别人的赞美，现在很多人开始浮躁，开始打肿脸充胖子，开始违心地去做一些事情，可当真正得到别人的赞美时，那又如何呢？

　　这么做，真的值得吗？

CHAPTER 5

第五章 职场菜鸟看过来

1. 别让强迫症浪费团队精力

我在很早的时候看到过一部电影《火柴人》，里面对洁癖有着细节化的描写，洁癖成了一种强迫症。

从人性来说，这本无可厚非，因为每个人都有自己的爱好，这也算是一种吧。

我见过不少完美主义者，他们对自己和对别人都十分严格。职场的一次经历，让我真正认识到这种强迫症的危害有多大。

单位总监的位置长期空缺，今天总算是来了一位。新总监看起来挺有型，寒暄之后，就走马上任了。刚开始，我并没有感觉到他的性格有什么问题，时间长了，才感觉这个人好像有点强迫症，所有的东西都得按照他说的来。别的工作，听他指挥情有可原，但我们的创意工作应该除外。

我们的工作如果照他的想法执行，是行不通的，但他有他的坚持，无论对与错，没有丝毫改动的余地。

我和他配合得一直都不顺利。其间发生了一件很搞笑的事情，他以前写方案喜欢用宋体字，而我喜欢用微软雅黑，在他手下做事时，他连这个都要我改正过来，我有点绝望了。

遇到这样一个人，我开始决定混日子，没有了任何主动性。我并没感觉到有什么不妥，因为太多的主动性会给自己带来更多的麻烦。

混了一段日子后，我还是决定离开了，因为这个人太难相处了，时时刻刻都要以他为中心，全然不顾别人的看法。

最后，我跟他大吵了一架，并愤怒离职。我是个很少情绪化的人，但这次例外。随后没过几天，团队中其他的人也相继离开。毕竟在这个社会，找份工作并不是很难，没有谁必须迁就你，事实上，要想两个人的想法一致，这是很难的，如果双方都能适当妥协，那是最好的结果。

两个刺猬的故事大家都知道，如果你总是竖起一身的刺，别人即使再妥协，分开也是迟早的事情。

我们的生活中总有过分坚持的人，如果没有过多的交集，那么最好各自相安无事。但如果在一个团队里面，刚好他又是一个领导的话，那么他将会扼杀这个团队的创造力，让团队内耗增大。因为大家都在根据他的意愿浑浑噩噩地工作着。

我喜欢一个词——底线，它代表着这个人有坚持又懂得变通，能容得下别人的想法。事实上，过于自我，总会让你失去身边很多人的陪同，让你的人际关系变得一塌糊涂。而完美主义则让你的形象更加刻薄。

坦白说，讲究专业的时候，我们都在耗尽所有的力气追求完美。如果一个团队有这种精神，那将是一股坚持不懈的力量，值得人学习和尊重。但如果是一个人过于完美主义，则往往会带来不好的作用，因为这种完美主义的标准往往是他自己的，别人轻易难以说服他。

曾经有段时间，我是一个挑剔的人。我觉得自己在各方各面都做得很好，所以也以此要求我的朋友们，如果他们做不到，我就会慢慢疏远他们，甚至是断交。

我自诩是个善良之人，并无半点害人之心，因为我认为善良的人才值得推心置腹，才会明白你的用心，才不会辜负你的付出。结果是我的朋友越来越少，因为我的要求过高，有意地疏远了一些人。当然，对方也不会惯着我。

水至清则无鱼，这个道理我是懂的，但我并不认为这是一种过错，因为我们双方都有选择的权利。但如果以自己的观点来要求别人，那就是一件很讨厌的事情了。

我想起一个邻居说的事：

我邻居的儿子上完大学后留在了天津，老两口看着儿子出息了，也很高兴。儿子如愿以偿地娶了当地一位做护士的姑娘。刚结婚不到2年，就给老两口添了个孙子。

后来，因为儿子儿媳都要工作，老两口被儿子接过去照顾孙子。老两口十分高兴地去了，这本来是件好事，一家人在一起生活，要多美满有多美满，要多幸福有多幸福。但儿媳的一些要求让他们有点接受不了。

为了不让孩子有任何接触细菌的风险，护士妈妈要求老两口抱孩子之前要先洗手。这也是为孙子好，老两口满口答应，并努力地做着。但他们之前的生活中并没有这个习惯，坚持还是有点困难，毕竟面朝黄土背朝天的农民能做到这点的并不多。而护士妈妈就不同了，她们的工作要求她们这样做，习惯使然，她们很容易做到这一点。

"不是跟你们说过了吗？一定要洗手！"在多次强调无果的情况下，儿媳有点着急。

"嗯，我们知道了。"老两口支支吾吾地回答着。

后面的日子里，老两口这个问题有所改观了。但新的问题又来了，儿媳要求老两口在孩子哭闹的时候，一定要把孩子抱起来安抚。为了孙子，老两口也是拼了。

但在长期的坚持下，老两口终于还是撑不住了。因为老大爷本来就患有腰间盘突出，这些日子坚持抱孩子，让他的病情加重了。老两口提出要回老家休养一段时间。

他们高兴而去，败兴而归。儿媳在亲自照顾孩子2个月后，终于还是累了，请了保姆，但她也不能完全避免这种劳累，只好再次求助于老两口，但老两口找了个理由拒绝了。

这件事不好评论对与错，只能说一个人的过于坚持导致了这样的后果。虽然老两口没说什么，但我能看出他们有点失望。儿媳的坚持让他们感到了压力，可能这种压力太大，老两口承受不了，所以就不再去照顾孙子了。依我看，如果儿媳懂得通融，他们还是很乐意照顾孙子的。

如果你存在强迫症，那么有血缘关系的人都可能会拒绝你。你认为你努力坚持的背后会有好的结果，但却忘记了过程同样重要。

强迫症是一个矛盾体，很多天才都有着强迫症，所以，他们是天才。但我也相信强迫症并不是造就天才的主要原因。

强迫症太过自我，这种坚持会让整个团队一塌糊涂，也会让你的人际关系一团糟。

2. 吸引力法则：一种神奇的力量

所谓"物以类聚，人以群分"，你是什么样的人，就会吸引什么样的人。这也是指你的思想集中在某一领域时，那一领域的相关人群或事物，也会一并被吸引前来，这也是吸引力法则的魅力所在。

这个法则是无形的，无法用肉眼窥探到它的能量，但它却跟我们的生活有着密切的关联。

你们肯定也有过这样的经历，就是当你正在跟别人讨论某个人的时候，那个人就刚好出现了。这也就是我们经常说的"说曹操，曹操就到"。

比如说，你跟同事 A 聊着天，聊及以前离职的另一位同事 B，你跟 A 说不知道 B 过得怎么样了，去了哪家公司。这时 A 忽然哈哈大笑，说你们真是心有灵犀，她前一秒也刚好在想同一件事情。

你们肯定也会讶异，为什么这样的事情会经常发生呢？而且这种事情的发生绝不止一次或两次，有时在同一天会发生好几次。其实这就是吸引力法则的缘故。据说人与人的大脑间存在脑电波，会互相吸引、互相牵扯，所以你这头想到什么，那头就会迅速接收信号，相互传递。

最神奇的就是我们所处的这个世界里，不，确切地来说是整个宇宙中，每一件东西都和吸引力法则有着密切的联系，你怎么甩都无法把它甩掉。也就是说不管你相不相信它，它都是存在的。

在生活中，你应该怎么利用好这一法则呢？那就是持续地专心地思考你想要做的事情，这样，你就能把吸引力法则成功地召唤出来。

如果你不想让自己过得糟心，不想让自己过得不快乐，你就不要总是去想不好的事情，也不要一直强调不好的事情。例如你想着自己工作好几年了，一直没有升职，终日郁郁寡欢不开心，总是在心里传递这种声音"我总是得不到重视，我真的要烦死了"。这种时候，你的这种声音就会于无形中传递给宇宙，宇宙会迅速接收你的信号，它不但不会帮助你，还会让你这种糟糕的境况越来越糟。

你越是保持一种乐观的心态，它就越会使你快乐；你越是感到糟心烦躁，它就越会让你的糟心加倍。

你只有保持乐观积极的心态，才会把一些好的向上的人或物招唤到身边来，才会远离那些不好的东西。所以你要记住，你消极就只会变得越来越消极，你乐观就会变得越来越乐观。

无论你的心情多么沮丧，你都要告诉自己开心，这样烦恼就会远离你，被你的脑海排除到另外一个世界，不能再来骚扰你。

这也就回到了一开始那句"物以类聚，人以群分"上，吸引力法则把同类的事物牢牢地绑在了一起，"动弹"不得。你好，你吸引来的便都是好人；你"坏"，自然招惹来的也都是"坏人"。你的心情低落，吸引力法则自然会让你的坏心情扩大化；你心情好，吸引力法则也会让你的好心情扩大化。

在我们每个人的身体中，都蕴藏着一种很神奇且巨大的能量，它可以吸引来你所需要的一切，这就是吸引力法则的神奇所在之处。

再讲一个故事：

有个小伙子因为一次车祸，身体受到了严重的损伤，医生告知家人，要他们做好心理准备，因为他变成了植物人，什么都做不了，还必须靠着呼吸机才能呼吸。

小伙子的意识很清楚，但他没有办法开口反驳医生说的话，因为他想站起来，想要走出这间病房，走向外面的世界。虽然他不能开口说话，但是他的意识一遍遍地告诉自己，不能一直躺在病床上，他要站起来，必须站起来。

无形中有个声音一直在告诉他,让他深呼吸,让他站起来。后来他真的甩掉了呼吸机,重新站了起来。对于这一现象,医务人员表示无法解释,但他就是做到了。

别人说什么不重要,重要的是自己怎么想,自己想要怎么做。如果你内心一直坚定你的信念,那即便看上去不可能的事情,也会变成可能。

你心里想什么,就会得到什么。每个人因为想法不一样,所以造成的结果也就不大一样。

相信很多人都看过这样一个故事:

在毒辣的太阳底下,有三个建筑工人正在卖力地工作。有个人走上前去问他们在干什么。

三个人各有各的答案:

A工人回答他在砌砖;

B工人回答他在砌墙;

C工人回答他在盖一座美丽的大厦。

白驹过隙,10年后,这几个人也成为了不一样的自己:A工人成了熟练的砖瓦工,B工人成了建筑工头,而只有C工人成了身价过亿的地产商。

这就是境遇相同,想法不同,结局也就大不相同的例子。简单来说,你的思维方式决定着你未来的命运。

其实说到底，吸引力法则等于心想事成。但是它并不是你空想就能得来的，是你坚定的信念和你的一系列行动，才能让它施展出它的神奇力量，才能助你成功。

因为工作关系，我认识了一个企业老板，在无意中听说了他的故事。据说他幼时生活极其贫困，生活在一个很闭塞的山村里，他一心想走出家乡的那个大山沟，所以特别勤奋上进。

他天天早起晚睡地学习，终于在后来以优异的成绩考上了重点学校。

后来他又不断地往前攀登，最终才成为了知名企业的老板。很多人问及老板成功的原因，他都会说相同的一句话：知道自己想要什么，告诉自己一定要得到什么，然后不断努力，离成功就不远了。

那些成功人士总是会有意无意地运用吸引力法则，如果你也想成功，那么就先明确自己想要什么，在内心一遍遍地加深自己的信念，然后再付诸自己的行动，相信好运与成功就会随之而来的。

3. 我们总是过度定义自己

定义，这个词并不新鲜，随着商业运作的狂轰滥炸，几乎铺天盖地地袭来。

"我们，重新定义手机。"

"我们，重新定义蜂蜜。"

当他们需要噱头的时候，往往把定义这个词拉过来，以显示"正统"。而"定义"这个词，也快被他们玩坏了。我由此想到了人生的定义，想到了一位朋友曾问我："你觉得朋友圈是什么？"

我想了想，故作高深地说："朋友圈其实是一种人生的定义，你是幽默的还是文艺的，是工作狂还是会生活，朋友圈都在不停地强化你的人生概念。"

坦白说，每个人都有自己的风格，他们在这种风格中尝到了甜头，所以不断地强化这种风格，直至方方面面。这在策划中叫作调性，你的人生有调性吗？

大多数人还是有的，比如说穿衣，即使大家都知道在办公场合要注意着装，但在生活中，却很容易就能看透一个人的穿衣风格。这不算太难，因为你喜欢的穿衣风格，有时候在别的方面也有体现，比如说头型、生活用品等。

这都无可厚非，但过度定义，在做事情上是一种不必要的浪费，被称为自封心。我们习惯了自己的性格以及做事方式，便不会轻易改变，因为改变起来很难。

一个很典型的例子，一个有着社交恐惧症的新同事，认为自己和别人沟通的时候，总是会带来误会，所以时刻都在逃避与别人的对话。就是因为在别人眼中，他是那样不会说话，所以，他将自己定义为不善交际的那类人。

一次，一件很简单的事情，让我看到了这种定义的严重性。我们的办公室在15楼，同事们宁愿花费半个小时去等电梯，也不愿走楼梯，因为那实在是太累了。

而他却从来没有和同事们在一起等待过，都是自己走楼梯下去。我一开始以为他在锻炼，但时间长了，我无意中问了一句："你天天如此，不累吗？"

他有点支支吾吾地说："我只是怕说错话，让别人误会，所以就采用这种方式，尽量避免这种情况。"我有点惊讶，不知道该怎么说，也不便深问，因为他没打算跟我多说。

在随后工作的日子里，我们逐渐熟悉了，我才知道他这种性格的由来。

小的时候,他的父母文化程度有限,并不知道嘲笑孩子对孩子的人生有多么大的影响。一次他们一家正在看电视,那时候他还小,才8岁,看到电视新闻上说的"洪水",就好奇地问父母:"这个洪水这么严重吗?"由于发音有问题,他把"洪水"说成"红水",并带点儿化音,这让他的父母捧腹大笑。父母却不知道这种笑对孩子有着深远的影响,孩子再也不敢轻易地说什么了,他怕自己说错,也怕别人误会与嘲笑自己。

在这样的家庭环境中成长,这样的事情自然是不少的,他后来变得沉默寡言,不再轻易说话。无论是上学期间,还是参加工作,他时时刻刻都怕说错话。

我问他:"你想过改变吗?"

他说:"这已经是潜意识中的东西,不是那么好改变的。我也知道别人不会在意,但就是不愿意说话,可能是根深蒂固了吧。"

我说:"你可以尝试下,说不定会有惊喜。"

接着我和他说了我的故事。我小时候在农村长大,很多东西也是根深蒂固的。就拿穿衣来说吧,很长一段时间内,我认为西装、衬衣、西裤才是正经人的打扮,那些流行的花花绿绿的衣服,让别人看起来很不正经,当然,这只是我个人的看法。

一次偶然的机会,朋友送了我一套运动装。我开始是拒绝的,因为这不是我的穿衣风格。但在一个周末洗衣服的时候，我对自己说衣服买来了，总要试一下吧，不能浪费了，于是就试了一下。为了统一性，我配了双运动鞋，但就此一发不可收拾，因为这实在要比正装舒服多了。

舒服，总是第一位的，我从此改变了我的穿衣风格。

他听了我的故事后没说话，但我看到他以后在尝试着跟同事们套近乎、开玩笑，没过几个月，他就彻底放开了。这也算是一种改变吧。

他对自己的定义是不那么好的定义，其实定义自己，有优势也有劣势，至少我是这样认为的。优势是一个定义能够让你融入你的专属群体，让你找到归属感，也就是常说的与人有着共同的理念，有着共同的信仰。但过分定义往往切断了你与其他新鲜事物接触的机会，让你拒绝新鲜事物。

我想起和一个朋友讨论《水浒传》的事情，他说："这句话我印象深刻，也足以说明过分定义的害处。"

"水浒集团"后期为什么会衰落呢？因为他们过分定义了自己，断绝了新鲜血液流进来的机会。排座次，让现在的人有了归属感，但后面想要加入进来的人会思考一个问题：人家三十六天罡和七十二地煞已然定死了，我即使再努力，也没有任何上升的空间，所以，还是不去的好。其实领导者早已忘记，他现在的强大，也是不断流入新鲜血液的结果。

现在商界流行跨界式发展,这是一种不断尝试的勇气。一个品牌就好像一个人,刚开始都是准确定位的,随后很多都在考虑横向发展,甚至是跨界式发展,这是一种尝试,也是一种勇气。

有时候过度定义往往让你把握不住可能需要把握的机会。

一个自由撰稿人讲了这样一件事情,说有人来让他写剧本,他不知道要不要做,会不会做好。

"尝试一下呗,这个不算太跨界。"我说道,"而且这是一个机会啊!"

"可是我虽然很会写故事,但是却并不擅长环境描写,也没有经过系统练习,我对自己没有信心啊,还是算了吧!"他说。

如果是我,我是不会把自己定义为只会写一种稿子的人的,毕竟机会难得,我也愿意尝试,即使失败了,也很正常。

过分定义这把双刃剑,有利于我们的专业,但也阻碍了我们的不断尝试。我想在某种意义上还是一专多能吧,这样才能比较适应这个社会。

4. 你不甩锅，但也不必过度担责任

写到这里，我不想给职场做任何掩饰，因为某些现象的确真实存在。有了功劳互相争夺，有了责任互相推卸，俗称甩锅。

甩锅，成了职场的必备生存技能之一。不会甩锅的人，总是付出了努力，却得不到应有的回报。有一个很普遍的现象：做得越多，错得越多，这是一个规律。

当你什么都不管，你会发现，你没有错误，别人想推也推不到你身上去。

我经历过的职场很奇葩。

A是企划部的老员工，和老板有着深厚的感情。B是营销部的成员，我们在一起准备合作策划一场活动。老板把工作安排下来后，我们开始筹划。

会议上，所有的人都说得头头是道，一派和谐的景象，各项工作都有人负责，让我信心满满。但公司有个不好的习惯，那就是所有的环节都没有书面的东西，几乎都是靠信任来维系工作的。

我知道，这不靠谱，但却从来没有往很坏的地方去想。

散会后，所有的人都像消失了一样，从来不主动沟通什么问题。我有点着急了，因为时间本来就不够用。我之所以着急，是因为主策划的是我。我默默地准备着，我对自己的能力十分有信心。坦白地说，我事先是有心理准备的，即使他们什么都不干，我也能很好地完成工作，但在质量上就不敢有所保证了。

到了活动的前一天，他们开始有所动作：

"那个谁，这个不是你负责的吗，我应该怎样做？"

"五哥，帮我写个主持稿呗，我写不好。"他们带着请求跟我说。

我即使再忙，也答应了。

和我预料的一样，这次活动倒是举行了，但是有很多小疏漏却让人哭笑不得。

没人安排演员上场，那边没有负责的人，而我的职位又不可能去安排谁。A和B根本找不到人，只好将错就错。演员道具没有人负责搬运，到了关键时候，没人愿意做，都怕出错。

这是一个混乱的后台，但总算没有大的混乱，我以为一切都没事了。一天老板把我叫到办公室让我说明情况，我把情况如实地反应出来，老板看了我一眼，没说什么。

后来，A和B辞职了，我没有想太多。再后来，老板的秘书跟我说，他俩把所有的责任都推到了我的头上，老板对我非常气愤。可是戏剧化的一幕出现了，老板的秘书将自己所看到的一切都说给了老板,老板这才得知了真相。

我想了想,做事的人会被很多人看在眼里,但不可否认,甩锅也的确很重要,如果老板的秘书不向老板说明呢？A可是老员工了,老板必然是相信他的。

这件事情对我的触动很大,我也开始学会了冷静地面对职场,每一个环节都落实到人、落实到纸面上,并让他们一一签字。但我干了没多久,还是离开了,因为这样的氛围内耗很大,而我的主动性也在慢慢消失。

这就是甩锅,的确很重要,但我也曾遇到过过分承担责任的人。

她是一个善良的女孩,所有的工作都抢着去做。当然,虽然出了很多的错误,但没有人去责怪她,因为错误都不是太严重,而我时刻都有预备方案来应对不测。她的努力得到了部门所有人的认可,大家都很喜欢她。

也许正是这种经常犯错的原因,她有点过度负责了,一旦有点不顺利的事情,她第一时间就考虑是不是她的原因,总是感觉内疚,整天表现的压力很大。我发觉这个情况后,曾多次找她谈过,但还是没有太大的效果。

不久之后,她还是受不了辞职了。我们全力挽留,她一直说她太累了。我深刻理解这种心理上的辛苦要远大于身体上的辛苦,那是一种很累很累的感觉。

针对这个问题,我专门请教过一位做心理咨询师的朋友。他说这是一种畸形的责任感，总是主动承担本来不是自己的责任，尤其是女性容易如此，这会引发很多的不良情绪。

我想到一个我身边的故事。

邻居一位阿姨是个心直口快的人，而且心肠也很好。一个周末，我正在家里休息，突然被一阵砸门声给吵醒了。我心想这是谁啊，一点礼貌都没有。我稍微有点生气，开门看到是她，问她怎么了。她说下雨了，看见我的衣服还在外面，就想通知我一声。我有点感激，对这个人的热心也有了了解。

随后，她的女儿离婚了。现实中来说，这已经不算是什么大事了，如果真的不合适，也不必勉强在一块凑合。离婚后，她的女儿回到家，也没有太多的反常，日子过得也很踏实，但是这位妈妈却时时刻刻在考虑是不是自己的问题。有一天我在家的时候，她跑过来和我谈了谈，将她心中的委屈和疑惑一股儿脑地全倒了出来，她太需要释放了。

我听了她的话后，告诉她说："离婚不可能是您的原因。虽然您是心直口快了点儿，但您又没和他们常住，所以您没必要想这么多。"

其实我知道，这样的话根本就说服不了她，这是一种父母对子女的过度负责任，这点在很多父母的身上都有，一旦孩子有什么不幸的遭遇，他们第一时间就会想到是不是自己的原因，这其实也是一种爱。

我想到了电视剧《闯关东》里面的妈妈面对收养孩子的背叛时，意味深长地说出："我们不怪你，是当娘的没有看好你，让你走丢了……"

坦白地说，这是人家的家事，我不好多说什么，但为了这位妈妈，我还是想跟她的女儿简单地说一下。她女儿说离婚跟她妈妈没有任何关系，是她们夫妻两个人的事情，是她妈妈想多了。我不便深问，便告诉她说："你应该多和你妈妈沟通，免得你妈妈压力过大。"

她说："沟通过了，但就是不见有好的效果。我现在过得挺好，只是她有点想不开罢了。"我说："实在不行你找位心理医生帮她疏通一下，老人家年纪大了，不能承受这么大的压力。"她点了点头。随后的忙碌让我忘记了这件事情。

但最不好的结果还是发生了，那位可怜的妈妈得了抑郁症，经常在半夜里自言自语。看着她一天比一天消瘦，我的心里也不是滋味，真是可怜天下父母心。

当你在不恰当的时候，注入过多的感性，理性就会被淹没。职场上、生活上都是如此。虽然不能缺少感性，但也要适可而止，毕竟世界是需要理性的，不然对自己、对别人都将造成不必要的负累。

该理性时理性，该感性时感性，我们不甩锅，但也不要过度承担责任。

5. 渴望平庸的舒服，却不愿要平庸的结果

我们拒绝平庸，所以努力。

谁都害怕自己的人生到最后什么记忆都没有留下，只留下一地的叹息。

有人说："只要我闲不住，人生就不至于太平庸。"

但真的是这样吗？我不敢苟同。

我的邻居是一个非常勤奋的人，年轻的时候受到过巨大的心理冲击。事情是这样的，结婚之后，他有自己的女儿，爱如珍宝，一家人的生活也过得非常美满。但就在这时，上天似乎跟他开了一个不小的玩笑，他女儿生了一场大病（具体是什么病，我记得不太清楚了，好像是有关鼻子的癌症）。这种病是不可治愈的，但即使不能治愈，他还是抱着最后一丝希望去对待，真是可怜天下父母心。

他女儿的病不但考验着亲情，还考验着经济能力。

那是大约30年前吧，就是50块钱，在农村里都很少有人拿

得出来，大家都穷怕了，事实上也没有钱，四处借钱都借不到。

我听别人说，当时他们无奈到半夜点着蜡烛在床底下找，希望能够找到以前不慎掉落到床底下的硬币。虽然没有找到，但慌乱无奈的心情一览无余。

看病的过程中，总有好心人来帮他们一把。有个人还拿出了50元钱，让他们送女儿去了医院。但那又如何，当时医疗条件有限，再说本来就是一种不可治愈的病。

女儿最终还是走了，父母也已经尽力了。

在以后的日子里，这位父亲拼命地上班，拼命地攒钱，或许在他心中有一道坎儿吧。他不怪别人不热情，而他自己也丧失了原本的热情，周而复始地上班、下班、攒钱，身边的机会全部都视而不见，只要是暂时挣不到钱的，他全都不理不睬。

他们后来又有了别的孩子，然后就这样一过30年，几十年如一日地重复着，到头来也只是上班，生活没有任何起色。他也不想去做别的事情，只要有打工的地方，他就会赶过去。我偶尔回家，听父母说邻居又出去打工了，这时候，他已经60岁了。

我不知道这算不算平庸，只知道当时那位父亲是有机会当一位教师的，但他放弃了学习，选择了一个挣钱的地方。

也许每个人都有自己的活法，也许是我真的无法理解人家心中的伤痛，但没有热情的生活，是很多人都不想看到的。

在生活、工作中，我们常常会感到迷茫，无法抉择，找不到前进的方向，于是不免慵懒，不免失去动力。

记得几年之前，我也曾被一些东西困扰过，那时变得慵懒，碌碌无为。现在想起那段时间，感觉那是世间最糟糕的日子。

早上醒来，不情愿地看一眼手表，8点30分。时间对我来说没有任何意义，于是继续睡觉。等到再次醒来时，已经是中午12点，实在是饿得不行了，就如行尸走肉般来到附近的小餐馆，随便凑合着吃了点。总之，不让自己感到饿就行了，那时似乎连吃饭也没有了兴趣。而关于社交活动，那更是不可能有的，所有的事情都感觉是在浪费时间。曾经的朋友多次邀请我去他家里玩，我都拒绝了，实在是提不起兴趣来。那时手机就是我的全部，我深陷在里面乐此不疲，仿佛只有呼吸能证明自己还活着。

在此期间，一个朋友总是在微信上发信息对我表示关心，但即使我能感觉到他的用心，也只是简单地回复几句，并很快以各种借口终止聊天。

一天中午，他终于还是把我从被窝中拖了出来。

"走，出去转转，带你见个人。"他一脸的不容拒绝。

"你自己去吧，我有点困。"我拒绝道。

"就是让你当我的司机，我不会开车。"他再次说道。

最后，我花了1个小时的时间来整理自己，因为需要整理的地方太多了，胡子都长得很长了。洗了澡换了衣服，我要感谢我的衣服并不算太少，还有可以穿出门的。

一路无话，车子行驶在两边都是树木的盘山小路上，我感觉有点舒服。我知道这是由于全神贯注开车而暂时忘记了烦恼。舒服了1个半小时后，我们终于到达了目的地。

眼前是一个不起眼又很破落的寺院。

"你带我来这里干吗？我这还不至于要出家啊！"我心情有点好转。

"走吧，进去再说。"他催促道。

对面迎来一个40多岁的中年人，一脸淡然，向我们点头示意。寒暄之后，请我们坐在院子中间的石桌边上。他姓周，我叫他周哥。

期间，我们和周哥谈了将近3个小时，其中大多有关人生。我稍微有点不屑，因为道理谁都会说，但当不幸来到自己身上时，又都是那么抗拒和不情愿。然而当周哥说的时候，却让我不知不觉地相信他的话，我猜测他是一个有故事的人。

是的，每个人都渴望人生能够精彩，但平庸的想法让人生看起来没有丝毫的活力，这些想法来源于哪里呢？我想大多是经历太过难以接受，导致对未来很是迷茫。

周哥的经历有着更多的沉浮，从勤劳的小员工到下海经商，有过成功，有过失败，那个曾经让他感到温暖的家也在劫难逃，太多太多的不如意让他对未来没有了希望，心也懒了。

周哥并不隐晦自己内心的软弱，坦白地讲述了所有事情的经过。

这个故事并不像很多励志故事那样最后崛起，结果恰恰相反，他选择了不再努力改变，而是屈从于现实，并不是所有的人无论何时何地，都能够信心满满地重新开始，这我是理解的。

"你也看到了，我现在的生活是你想要的吗？"周哥问道。

我并没有回答，的确，这种生活不是我想要的。

如果不是真的心如死灰，那就不要在平庸上浪费时间，因为你想要的很多，没有任何想法并不适合你。

临走的时候，周哥说："你们再去外面转转，我写点东西给你，算是我的建议吧。"

就这样，我拿着那几张白纸回到了家。内心虽然依旧凌乱，但我的好奇心却驱使我想看看他写了些什么。他的字迹并不是很漂亮。

我感觉你的生活还有一丝希望，因为你不认为自己是个废物。请不要丧失你的热情，因为你的堕落只是暂时的，为此浪费时间不值得。

如果你还为自己得不到而烦恼，那烦恼只是烦恼。不要误以为自己受到了多大的伤害，其实能让你感到难过的事情，并不算太大，不想它就是了。

人生有很多困难，但这是不是你不努力的理由，这是两个概念，困难是客观存在的，而不努力是主观的，不要拿客观给主观找理由。

……

如果还是感觉人生没有趣味，欢迎来找我。

至今，每当我不想努力的时候，就会想起周哥那句"欢迎来找我"，想起那种环境，我是真的不愿意去啊，所以继续努力吧，没有办法。

我们渴望平庸的舒服，却不愿接受平庸的结果，这是个很贪心的想法。

6. 拥有一份工作，要懂得感恩

感恩，并不单单只是感谢，同时还存在着强大的主动力。

记得一个做老板的朋友跟我说过这样一件事情：有一个男孩，在走投无路的情况下，希望他能够给他一份工作。虽然男孩什么都不会，但他没有多想就接受了男孩，当然，那个男孩当时也感动得掉下了眼泪。

"如果一个人懂感恩，经验什么的可以慢慢学习。"我朋友这样说道。

正如我朋友所言，这个男孩非常勤奋，进步也很快，成为了他的得力助手，并且无私为公司付出，伴随公司一起成长。

这与我的同事完全不同，我的同事是一个职场老油条，来到公司直接坐上总监的位置，虽然拿着高薪，却不怎么主动，更谈不上什么创造了。当然由于我是他的得力助手，他有时候也跟我说点心里话："我就没准备在这个公司长干，实不相瞒，我正在找工作。"

我理解了他所有的行为，从来都被动得要命，没有一次主动过，所有工作都是下属帮他承担。下属虽然心中有气，但也不好说些什么。然而这些行为都被老板看在眼里，批评了他一次，而他更加有了抵触情绪，连上班时间都不能保证了。

他嘴里还总是唠叨着对公司和老板的种种不满，我虽然心中有点意见，但也不好说出来。3个月的试用期过了，老板让他走人，他也没有任何的留恋。

我本人对这个人是不敢太相信的，因为老板真金白银都不能让他有丝毫的感恩，他对感情什么的会看得更淡吧。

虽然在职场谈感恩，你或许稍微觉得有些幼稚，但对每个月发你薪水的人，也不应该有仇视情绪吧，再者，如果真不懂感恩，那责任心又从何而来呢？

我一个朋友的故事教育了我：

"几年前，我刚从美国留学回来时，进入中国银行工作，担任一个普通的办事员。同期的同事中，也有我的大学同学，他也是在美国读的书，可是职级却比我高一级，在编制上是我的主管。

"我稍微有些不太高兴，因为几乎所有的条件都相同，只是入职时间有点差别，相差不到1个月，待遇就有了这么大的差别。而且他并不是入职之后升的主管。

"但是，我并没有因为待遇不好就心生不满，依旧对工作兢兢业业，交到我手中的事情，一定会做得尽善尽美。此外，在忙完我的本职工作后，我也会积极主动地找事做，了解主管有什么需要协助的地方，尽全力帮主管做好工作。

"正是这样的工作态度，被当时的上司看到了。后来上司调去别的银行时，跟随他的随从人员中，我是唯一的普通员工。这在业内是一个很罕见的现象，因为他带走的一般都是主管级别的员工。"

对于工作，坦白地说，我没有他这样看得开，甚至有时候会有抵触心理，也有过不开心就辞职的情况。在大城市待了3年之后，工作依然没有什么起色，过年回到家，父母问我工作情况，我如实地作了回答。

"你太自我了，那是职场，并不是简单的交易，如果总是这样跳来跳去，对你个人的成长是有害无利的……"父亲有点生气地说。

听了父亲的一番话后，我有点明白了，工作的价值并不单单只是取决于一个方面，而是需要综合考虑的，我对这点就有欠考虑了。

过完年后，我要再次回到大城市里继续找工作了。

临行前，父亲告诉我三句话："如果你能遇到一位好老板，要忠心地为他工作；假设这份工作待遇不错，同时，你的运气也很好,你要学会感恩;如果薪水不太理想,那你也不要轻易辞职,要懂得跟在老板身边学功夫,再坏的环境都有值得你学习的地方。"

我将这三句话深深地记在心里,始终坚持。我相信,只要我付出努力,别人就会看在眼里。我个人认为每一个老板的心中,都有一份关于员工心态的考核成绩。

工作,会给一个人带来成长,我也是这样认为的。曾经的我进入过一家很小的公司,刚开始有点不情愿,因为需要我做多种工作。后来我渐渐发现,这对于我来说是有益的,它让我接触了更多的专业技能,这为我以后工作得如鱼得水奠定了基础。

除了专业技能之外,工作最重要的无形资产就是人际关系。跟同事的关系、跟老板的关系、跟客户的关系,凡是工作环境所衍生的人际关系,未来都会变成你的无形资产。有工作,就有成长,因此有工作做,就要懂得感恩。

感恩,培养的是心态,可以让你平静地接受工作中带来的不利因素,这样你才能在一个地方待下去,如果跳槽太过频繁,对自己来说并不是一件好事,我自己常常坚持三个原则。

◆ 谦虚

无论我有多大的能力,在工作中,不管做任何事,都要把心态回归到零：把自己放空，抱着学习的态度，将每一次工作都视为是一个新的开始，是一次新的经验，懂得付出，不要计较一时的待遇得失。

这样的心理准备一旦做好，就会拥有健康的心态，不论做任何事都能心甘情愿、全力以赴，没有任何的抱怨，当机会来临时，才能平静地接住。

◆ 接纳

在工作环境中，会遇见各种各样的人，因此我们要学会接纳，因为只有如此，才能更好地融入，才能更好地协作。如何与共事的伙伴相处，是一门大学问。我们要相信自己，也要相信别人，随时调整自己的角色，勇于领导他人，也愿意被他人所领导，这是非常重要的心态。

需要注意的是：公司里的同事、老板或客户，都有着不同的家庭文化背景，各有不同的特质与专长，有很多值得你学习的地方，如何彼此取长补短，是很重要的学习过程。一开始接触和你不一样特质的人时，一定要敞开心胸，先学会接纳了解，只有这样，才能创造出愉快而积极进取的工作气氛。

◆ 承受

坦白地说，是工作就会产生压力，而自己需要承担这种压力，不断付出努力去解决问题。如果我们有良好的心态，所有的一切都将不是问题，也不会有任何不满和抱怨。我见过这样一个同事，总爱跟别人比较，别人干得多，他也愿意多干；如果别人干得少，他自己就特别地不情愿，并多次向主管表达强烈的不满。事实上，工作内容不同，同一职位也不可能做到完全公平地分配，归根到底还是心态的问题。

当你懂得感恩，就会少了很多的烦恼，也许有了这份心情，才能长久吧。

7. STOP! 抵触情绪

当你讨厌一个人时,是怎样的感觉?

尽快远离他,不愿和他多说一句话,连打个招呼都感觉是在浪费感情。

当你讨厌一个同事呢?

忍住自己的情绪,因为工作还是需要配合的,但一旦合作结束,立刻就进入陌生人的状态。

当你讨厌你的上司呢?

感觉自己太倒霉,而且无论他说得对与不对,都想跟他唱反调。

对此,我有切身的体会。

李是我讨厌的主管,我就不具体写他做了什么事情让我很讨厌了,因为太多了。

早上,那声招呼极为不情愿,但就这也是在避无可避的情况下才打的。双方寒暄了一会儿后,如果一天工作不会再有交集,那么这个招呼就是一种唯一的交流了。

主动性，那是不存在的。

"帮我复印下东西。"

"实在不好意思，我正在等一个重要的电话。"

在我职责之内的工作，我做好就不错了，还会管你这种闲事？合作只停留在表面上，虽然看上去一团和气。

当主管的工作有疏漏时，我也会象征性地过去关心一下，但其实却是特别开心的。好不容易来一个笑话，我不得好好看看吗？

……

这正是因为彼此之间有矛盾才产生的工作抵触，而这种内耗是很严重的，看上去大家都在忙碌，但却达不到预期的效果。

当主管给我安排工作时，我首先想到的是什么？

（1）这个人就见不得我闲着，别人都闲着，却故意把工作甩给我。

（2）又来给我添麻烦了，我得想个办法躲过去。

（3）这个挨千刀的，是不是在给我挖坑。

……

这种不正常的想法，便成了保护自己的策略，完全忘记了这是职场，是需要干活的。当这些想法成为习惯，便产生了焦虑，即使自己再怎么调整，类似的想法也会随着工作中的小事而冒出来。

我们部门来了一个海归,我们非常欢迎,终于有颗明珠落在我们这里了。

海归有没有能力不知道,但心气是挺高的。

"董,你去帮我把这个复印一下。"

董的表情非常明显:我不是干杂活的,我一个海归你竟然这样藐视,我不想去,谁爱去谁去。一阵沉默之后,要求者尴尬地离去。

本以为这件小事就这样过去了,看热闹的于是开始拉拢人心。

"你刚才应该去啊,他这个人有点小心眼,你要小心了。"

海归从此之后的日子便不好过了,至少正在想,如果他再次提出要求,我去还是不去,在这样的纠结下,工作效率开始降低……

抵触情绪其实是逆反心理在职场中的具体表现,主要是由人引起的,主要表现就是不听指挥,刻意反对。

开门见山谈一下,把双方内心的矛盾解开,会发现大多数都是由小矛盾引起的,并非什么大事。

我记得我有这种抵触情绪的时候,主管给我发了一条信息:"我知道你对我心生不满,也是我工作的失误,对于你的宿舍,没有经过你的同意,就擅自让了出去。我知道你很在意这件事情,但我本是无心之举。后来,我一直在联系行政给你安排你的宿舍,但暂时没有位置,所以你先等等,有消息后我第一时间告诉你。虽然这是我的失误,但我也在补救。你也有错的地方,你对我个人有意见,我可以接受,但工作是工作,如果你总是带着情绪在工作,我实在看不出来,这样的情绪对你有任何的好处。所以,也请你放下心中的隔阂,回到工作的正轨上来。"

说实话,当我看了这条消息之后,所有的情绪都没有了,只感觉以前的情绪不但给自己带来了焦虑,更让部门的工作变得滞后。

抵触情绪,实在是碰不得,大多数都是双方当事人不肯去面对的结果。领导想要面子,不可能向一个普通员工道歉,而员工也看到了主管的所作所为,否定了主管的人品,彼此有交集的地方充满了猜疑和焦虑。

后者的抵触情绪埋在对自身的预计过高,时刻把自己标榜成一个高端人才的样子,这样做的后果往往让对方有看法,从而不利于协作。

不愿意服从上司的安排,不愿意配合同事的工作,没有意愿、缺少积极性、敷衍应付、得过且过、错误百出,这就是抵触情绪的代价。

这种抵触让你孤立,因为你不愿意帮助别人,别人也不愿意帮助你,这很正常,当你需要合作的时候,大家便开始周旋,团队于是没有了任何效率。

对工作不情愿,没人愿意帮忙,哪怕是出出主意,所以,一切都僵化了,你的思维本来就杂乱,现在再一个人闭门造车,效果可想而知。

这种抵触情绪轻松就控制了你自己,如慢性毒药,日积月累地逐渐发挥作用,一点点地杀死积极性,让你不愿改变和尝试。

初入职场的人,应该学会控制抵触情绪。这种情绪最大的危害是会慢慢影响你待人接物的态度。

朋友约你去钓鱼,你却拒绝道:"我并不喜欢钓鱼,在河边长时间坐着让我感到无聊,还是你们去吧!"

主管推荐你上台提案,你却说:"我口才不行,你还是换别人去吧。"

对自己不擅长的东西,我们不去尝试,一味地拒绝,长此以往,我们会错失很多成长的机会。即使你真的不喜欢,或者不擅长,你在别人眼中,也是一种惧怕责任和失败的人。

抵触情绪不但会影响人际关系,更关系到你的成长,很多时候,我们钻了牛角尖;很多时候,我们只是害怕尝试而已,因此,我们要学会控制抵触情绪。

有人说出现负面情绪,最好赶跑它,我感觉这样根本行不通,我们首先应该接受它，然后再慢慢调整自己的心态，只有用心把它融化，才算真正地抛开它了。

学会接纳自己的负面情绪，别急着否定自己。做个深呼吸，先平静下来，试着客观理性地分析，如果存在犹豫，采取暂时拖延的策略也是不错的。

别让抵触情绪把你变成固执的人、懒散的人。抵触情绪，要不得。

8. 不做职场"老实人"

这一篇是我自己的心得，说得对也好，不对也好，至少这是我眼中的职场。

我是一个老实人，现在也是。坦白来说，我的付出和收获不成正比，但始终找不到好的方法来纠正，所以只好这样了。

我从小长在农村，我想我的性格和这个是分不开的，因为从来没有人告诉我，怎样巧妙地展现自己，让自己能够成为焦点。

我想起了我在一家公司做文案策划的时候，老实让我吃了个大亏。

那是一年的10月份，因为专业对口，又有经验，所以面试很快，我顺利地进入到这家公司。这是一家做金融的公司，和做文化的人有着本质的不同，一个个八面玲珑。但既然来了，合同也签了，而且马上又要过年了，能凑合就凑合吧。

总监过来，笑眯眯地问了三个问题："会策划吗？会摄像吗？懂舞台吗？"

我没有多想，点了点头。这一下完了，我开始有忙不完的活，其实我们部门这三项工作是有专人负责的。

干活就干活吧，我也不怕，因为我对我的工作能力有着绝对的信心，即使这三种工作我不是太专业，但也足够用了。

其实很多事情，不用细说，理所当然是帮着帮着就成了自己的事情了。做好了还好说，做不好的时候，也是我的责任，我以为帮忙，人家就会感激，可惜我错了。

我踏踏实实地干活，即使多点工作，我也不会当成是一种吃亏，就当是学习吧。但往往事与愿违，你做得越多，错得也就越多，没人替你承担错的结果。

我有点懈怠了，本不想再做我职责之外的事情，但这个时候问题来了，别人都不会，就你会，那么你不去谁去？别人那是能力问题，而你这是态度问题。我可不想背这个锅，心想还是咬着牙硬挺吧。

但事情的发展越来越不像话。

一次活动，本来策划案不归我做，当时开会的时候，有人答应由他来做，我就不再理会这个策划案了。没想到开会前三天的时候，总监跟我要策划案。

"不是由那位同事负责吗？"我有点发蒙。

"他什么都不会，你能指望他？"总监说。

"开会时也没说让我做,我也没准备啊!"我如实回答道。

"你现在做也不晚,我相信你的实力。"总监撂下话就走了。

好吧,那就做吧。

大会如期开始,现场效果也还不错,大家都在说这次大会组织得不错,都在说那位同事的想法非常棒。我有点气愤,但还是忍住了。

我以为总监多少会夸我几句,让我心里好受点,没想到总监好像不知道这件事一般。最让我生气的是,大会现场丢了一个麦克风,却说是我的责任,因为当时划分物料时这归我保管。但是为了这次的圆满,我在后台忙碌着,他难道看不到吗?最后我也懒得解释,总监说了几句就走了,也没让我赔偿,我想他大概是有点良心发现了吧。

我渐渐意识到,这可能真是一个"好人"终结的时代。

我知道,职场本就没有完全的公平,我对此也不奢望,但没想到会这么残酷,让我不知道我的坚守对还是不对。

我的朋友跟我说了几点老实人的坏处。因为老实,你总是吃力不讨好,因为你是老实人,总是踏踏实实地干活,从不会投机取巧;因为你相信只要努力工作,就一定会获得别人的肯定,所以你愿意去帮助别人,愿意去做分外的事情。但如果只知道埋头苦干,你自己就会累死,你有做不完的工作,而应得的东西却给了别人。因为你不会表现啊,所以当你把事情做好时,有的是人去表现卖乖,博取领导的赞美。而你在幕后默默地工作,又不善于表现,因此没人会看得到你。

所以,该有的表现还是要表现的,不能一味地干活,这不算什么不道德,因为工作本来就是你做的,你要让别人知道。

因为老实,你会无端被人使唤。和我上面说的故事一样,你不懂得拒绝,分外的事只要别人一开口,你就会帮忙,做得好,是别人的功劳;做得不好,你得背锅,想想也很不值得。但你又从来不懂得拒绝。

你会的东西很多,因为你的心思都放在工作上,专业也是你骄傲的资本。你在工作上从来不会轻易说不会,即使你真的不会,你也会花费时间去学习,因为你不愿辜负大家对你的信任。

最糟糕的是,职场上很多人并不认为你是好心帮忙,反而把你当成他的下级,没有任何感恩之心。而你为了帮忙,在别人下班享受生活的时候,还在加班加点,最后,你连一句"谢谢"也没得到。

因为老实,不会争取,你从来不会自己表功,事实上多数情况下你根本得不到这个机会,因为你总是很忙碌,连跟上级沟通的时间都没有。再者说,即使有这样的机会,你也会为自己表功而有心理负担,所以,你一般不会去说,但你内心对此又并非毫无期望，你期望别人来说你的功劳，大多数情况下那又是不可能的。

不会争取自己的利益，因为你从来不会主动要求加薪等福利。即使你感觉到付出和薪水不成比例，去跟老板说，老板拿什么给你加薪，因为你的功劳他根本不知道，有时候老板甚至连的你名字都不知道。

或许这是老板的失职，没有看到你的努力，但对他们来说，无非就是过失；而对你来说，是付出很多，却回报很少。你心里肯定不平衡，但又无处诉说，总体而言，等于干活了却收获了委屈，你会甘心吗？

所以，人在职场，不该太老实，该站出来就站出来，该说就说。职场本来就是论功行赏的地方，没有什么不好意思说的。毕竟会哭的孩子有奶吃。

9. 慢慢来，一切都来得及

人民日报在微博上发布了一则消息，说"80后"已经被称为中年人。霎时间，消息传遍各大网络媒体。

我是"80后"，即将步入中年的"80后"大叔。

我总感觉昨天才刚刚毕业，所以在职场上，我竟然有点不敢面对自己的年龄了，因为周围的"90后"都不敢轻易报出自己的年龄了。中年危机，我是能够感受到的，好在我是一个看得开的人。

但即使看得开，如果去衡量一下自己现在的处境，也会吃惊地发现的确不能心安理得。看看自己手上的资本，单薄得可怜，没有任何可圈可点之处，于是我慌了。

当然，更多的人也开始慌了。

于是，很多人在年龄、薪资、买房、买车、找对象等生活压力下，开始变得急迫、焦虑、不安……

有一次，一位学心理学的朋友开玩笑地对我说："将来，我的职业肯定是最赚钱的，到时候，你来投奔我好了。"

他虽然是在开玩笑，但也有一部分是靠谱的，当一个人的能力提升赶不上欲望时，他就会着急，是那种很不正常的着急，会产生莫名其妙的幻想。于是难免想到很多不正常的手段，想要快速完成自己的目标，然后让一些骗子有了可乘之机。当今社会，不满现状的年轻人比比皆是，都着急地想成为人生赢家，但这种事情实在是急不得，有些事情你总得给它时间，让它慢慢长大。

◆ 慢慢来，减少无用内耗

"这工作给钱这么少，我要做到什么时候才能发财啊！不行，我要马上换工作！"

"这个行业太没前途了，干下去我只有吃土的份了，我要跳槽。"

每个人的钱都不够花，尤其是年轻人，由于缺乏经验，工资普遍偏低，但是又要维持生活花销，包括个人爱好，很多人成了月光族，这不奇怪。可怎么办呢？找份工资高的工作呗，所以不停地换工作，希望能够缓解这种尴尬的处境。

但跳槽真的能够跳出高工资吗？未必！

很多人都会发现，即使跳槽，也只会在平行线上跳，工资并没有明显地提升。这时候，很多人就开始感觉自己的人生很失败，开始有点堕落了。可堕落也改变不了现状，还是得继续生活，最后选了一家与之前工资水平差不多的公司,以维持日常的开销。

这简直成了一个恶性循环,"越跳越穷,越穷越跳",有句话叫"跳槽穷半年,改行穷三年",想想还是有一定道理的。这里面有一个内耗的问题,值得大家关注。着急寻找高工资,频繁跳槽带给你的,往往要比踏踏实实在一家公司工作的,损失要大得多。

当你在琢磨跳槽的时候,你的心是迷茫的,你在很谨慎地挑选着目标,而眼前的事情却被你忽视了。一个做人事的朋友告诉我,一个人如果有了离开的心,即使他并非一个不负责任的人,眼前的工作也很难达到以前的水平,所以在这种情况下,我建议好聚好散,公司和他本人都不会太过尴尬。

换工作,消耗的时间是你预想不到的。一场场面试下来,很累,也很浪费时间,而结果不一定如意。时间也是金钱,精力更是财富,这样来看,你又损失了不少,这肯定让你感到烦恼吧。

即使找到新工作,你依然要重新开始,熟悉新环境、熟悉新工作、熟悉新同事,你小心翼翼地度过了这个阶段后,肯定会感叹这样的消耗太大了。

人的精力都是有限的,着急并没有用,如果不是一个工作到了非换不可的地步,与其在众多公司与行业之间频繁切换,还不如专注地做好一份工作,减少无用内耗,把工作情绪调为最佳,努力工作，放下那颗着急的心，该来的一定会来。

◆ 能力是熬出来的

"工欲善其事，必先利其器。"做好充足的准备，是成功和把握机会的前提。在工作上面，很多人都急于展现自己，在一个职位上待了几个月就以为自己掌控了全局，刚到一家公司还没对其进行深入了解，就开始一番品头论足。

我想起了这样一件事情：我们和甲方签订合同，正式开始合作，甲方的老板过来和我们谈，以表示重视。但期间我们急于汇报工作，他却显得不是很着急，这让我们很意外，一般的场景都是甲方嫌我们的工作做得太慢、做得太少。他这样的人，我们还是第一次遇见。

"你们收了我的钱，我知道你们急于工作，但我的建议是在以后的2个月之内，我不要求你们做任何工作，唯一的工作就是了解我的企业。但你们不要认为我的钱那么好挣，4个月后，我向你们要成绩，如果不合格，对不起，我有权结束我们之间的合同。"

这位老板是我见过最懂营销的一位老板，我想起了任正非和他的"万言书"。只有经历过足够的时间，我们才会拥有成熟的建议和成熟的能力。

对于能力，时间就是它的主要因素，如果熬不住，是对能力的不够了解和不够尊重。

◆ 不要轻易尝试自己的想象力

坦白地说，这是一个过于看重年轻人的想象力的时代，创新没错，但很多时候，你只看到了创新的成功，却很少看见创新的失败。

有想法是好的，只不过要镇定。很多人心高气傲，不甘心被人指手画脚，于是，除了创业之外，升职才可以安慰他们。但是升职要考量多种因素，你没有被选中，肯定有不合格的地方。面对着遥遥无期的升职，很多人选择了离开。

在一家公司工作多久才算久？华尔街理财经理费尔德给出自己的答案：80 年。这位经理现年 98 岁。

80 年！这是什么概念？

这已经是一辈子了，这里面不单单只是忠诚了，还意味着太多的东西，值得我们去思考。

我想到了雷军和金山的 16 年。

那 16 年，很多同时起步的人都做得很好，而雷军却忍住了。16 年之后，小米的野蛮生长，跟团队是分不开的。

正人先正己，想来也是很有道理的。雷军的踏实能够感染整个团队，让这个团队带领着小米飞奔。

有时候你在一个岗位上拼命折腾，领导却视而不见，是考验吗？我想肯定是有这种因素在里面。

根据相关报告显示：36%参与调查的求职者在当前这份工作上不满一年，干满5～10年的员工只有10%，仅4%的求职者在当前工作中干满10年以上。

每个人的职场都不一样，我不好过多评价，但请在做决定前，保证自己是慎重考虑过的；在离开之前，保证确实是无可留恋的。

有些事情，真的只能慢慢等。

10. 别在错误的时间，琢磨错误的事情

我写了好多关于方法的内容，那并非是我的本意。有些东西除了直接说明外，其他形式都难以表述清楚。其实我还是喜欢写点故事，因为每个人有每个人的看法，感觉这样很好，至少不枯燥。

我入职的时候，她就在那里了，她叫珍，1995年的，工作相当于总监助理吧。这是一个很有意思的姑娘。

她来自南方，拥有着南方人该有的白皙水润的皮肤和不该有的高挑的身材，漂亮得令人心动，但她的行为也幼稚得令人发指。

她的工作就是干杂活儿，没有太大的压力，所以，办公室里所有的话题都是由她挑起的。

"哥哥姐姐们，我想结婚了，你们有没人好人家介绍给我？"她认真地问。

"当然有！"我们以"80后"居多，身边环绕着大量的光棍。

"有什么要求没有？"大家开始七嘴八舌地问道。

"有车有房，对我好的，人要长得帅的，最好是富二代，学

历要高,不要书呆子。最后一个要求,必须在我老家为我父母买一套房子。"

珍很现实,也很直接。现今社会,我们早已适应了现实,所有的结婚,早已离不开车子和房子,我们也都接受了。

"我这儿有一个,北京有车有房,经济条件特别好,人又好,就是太老实,不会撩妹,现在还单着,你有没有兴趣?"办公室大哥首先发言。

"年龄呢?"

"42岁。"

"你这不是开玩笑吗?条件很合适,就是年龄相差太大了,有没有年轻点的,稍微再年轻一点就好……"

我们本来以为这就算拒绝了,但谁都没有想到,她真的在办公室大哥的介绍下,跟他的朋友见面了,而且聊得还不错。这真的很出乎我们的意料。

至于后来发展的如何,人家没说。但据办公室大哥后来描述说,相处一段时间后,由于年龄相差太大,生活之间存在代沟,最后还是散了。随后她又在朋友的介绍下,继续相亲之旅。

有一天,她辞职了,而且辞得轰轰烈烈。在大庭广众之下,她告诉总监"我要辞职不干了",总监感到很没面子,顺利地让她辞了职。

据知情人士透露,她是为了到相亲对象的公司上班,才这样果断的。我们后来虽然也有聊天,不过却逐渐地疏远了。

偶然的一天,她联系了我,说了她的委屈,这让我很意外。她需要安慰,因为她再次失恋了。她跟我说了很多,总之就是那个男人不爱她了。不过我却听出了弦外之音:珍在这段感情中肯定是一直在索取,让对方心生倦意。不过我也不好多说什么,只是说了一些安慰的话,顺便告诉她,应该自己先自立起来,然后才会有好的结果。

我个人认为在她这个年纪,本不应该是急着结婚的年龄啊,而她却把所有的心思都用在了这方面上,让人很是不解。

我们总是在错误的时间节点上,琢磨着不该在这个时刻琢磨的问题,这让我感到很诧异。

我想起了我的早恋时光。那个时代的男女感情,是那样地纯真,只不过选错了时间,最终让纯美的感情搁浅在时间之上。

这几年流行创业,我的很多朋友也都在折腾,有的刚买了房,有的刚买了车,有的刚结了婚……过了不久,他们全都铩羽而归。这是意料之中的,缺乏流动资金是很致命的。

我是一个策划人,我的工作就是在合适的时间,做最合适的事情。我按照我的经验,总结了以下几点,希望不是片面的吧。

◆ 你有自己的调性

你的性格决定你的调性，有的人是慢性子，有的人是急性子。当周围刮起一阵风，大家都跟着去时，你却没有审视自己，适不适合跟随。

我的表弟就是这样，前两年干装修做得不错，顺风顺水的，按理说他应该在这个行业做下去。但是有一次回家，他看到搞运输的人挣钱不少，因为他搞运输的那个朋友买了别墅，所以他回头就把装修的活儿全部给推掉了。

表弟连拼带凑，买了一辆大货车，开始跑运输，活儿也算不少，但最后一算账，就是没弄到钱，他很气愤。

当然，我也不懂里面的门道，但我想肯定是与人和细节有关。别人赚钱是因为那个人的性格中带着机灵，我表弟却总是以人情为做事指导，两者还是有不小的差别的。细节，这里面的细节他还不知道。

曾经我和一些做营销的朋友谈过类似的话题，他们说，无论大小，每个行业都是有壁垒的，新进入者都要付出更大的努力。大行业看资本，小行业看细节，如果没有人带你，千万不要在不熟悉的行业中创业，或者是怀着急功近利的态度去做。

◆ **在合适的时间做合适的事情**

最好的巧合是，当你一切就绪时，发现机会也到来了，这是可遇不可求的；再次点的是一切都已就绪，等等机会就来了，这也不错；最次的就是一切就绪，机会迟迟不来，好不容易来了，你才发现那个机会根本就不属于你自己。

如果还是遇不到合适的时间，那就多看看周围，例如，年少时应该多学习，因为这个时候记忆力和精力都是最棒的，你会学到更多的东西。

刚步入社会的时候，应该多增加点专业知识，找到一家合适的公司慢慢成长，而不是为了薪水四处跳槽。

我的父母是我们村里稍有坚持的父母，我的发小上完初中后，就开始出去打工了，因为我们的村子挨着煤矿，矿场上总是在招工，所以从不缺工作。我的父亲告诉我说："现在你正是学习的时候，我不能让你因为挣点钱而因小失大，我要对你以后的人生负责。"

事实上，我的父亲是对的，我不敢说我比那些发小更能赚钱，但至少我的见识要比他们广得多，这才我人生的财富。

◆ **所有的错误都是逻辑错误**

我的一位朋友曾经多次强调，所有的错误都是逻辑错误，这句话我非常赞同。曾经我在工作中也喜欢耍一些小聪明，总想以最小的付出换取最大的回报，但一位创业的朋友教育了我。

他是一个大手大脚的人，至少我是这样看他的。只要有朋友带朋友过来，他总是在附近选择最好的酒店和雅间，这已经成了习惯。我有点不解，问他为何如此浪费。他说他这可不是打肿脸充胖子，他现在的公司缺少人脉资源，他得找资源啊！可是从什么地方找呢？当然是靠朋友搭桥了。选择最好的饭店和雅间是为了能够和陌生人建立好关系。

"当然，你也不要奢望都有用处，10个人里面有3个就谢天谢地了。有付出才有回报，尤其是在人脉这块，如果你临时抱佛脚，恐怕是来不及的。"他笑着说。

世界上的道理很简单，只是没有人去注意，有付出就会有回报，如果只想投机取巧，那么收获也就会很有限。

我们总是在没有看清事实的时候，去关心错误的事情。擦亮眼睛，才能多点幸运。

CHAPTER 6

第六章 高效思维能力

1. 高效思维的艺术

我比任何人都渴望高效率。我并不是一个太勤快的人，在生活方面甚至有点懒。我想了很多，比如成长环境、教育环境等，没有想到哪种方法是能让自己立刻变得非常勤快的。但我是有想法的，那就是在比较短的时间内完成比较多的任务，这样的话，我就不至于太落后。

我知道，这要从思维上改变自己，我并不知道其精髓，只好求助于其他人。很遗憾，我得到的有用信息并不多。

一次，我有机会见到崇拜已久的一位老师，他在高效思维方面有着多年的研究。我第一次厚着脸皮问个不停，没想到这位老师真的跟我说了很多相关的知识，让我受益匪浅。

以下是我按照老师所说整理的内容。

高效思维者与低效思维者思考过程的区别在哪里？前者思考问题条理清晰，后者则混乱无头绪。那么怎样提升思维能力呢？

◆ 化整为零

如果事情太大，或者太过复杂，同时又没有充足的时间，那么就只能化整为零，将大事情变成很多的小事情，才不会迷茫和纠结。

用自己擅长的方法，把问题划分为几个小部分，从而使问题没有那么困难（至少看起来没那么难）。耐心地一次研究一个小问题，或一个侧面，通过其中的逻辑联系找到你需要的答案；从问题中归纳出简明的"如果——那么"的关系，从而得到结论。

◆ 画图法

涂鸦，是婴儿最早掌握的技能，也是最简单的认知方法。如果不明朗的事情画成容易理解的图表，会好一点儿。根据问题，画出简明扼要的图表。有人会问，在脑子里想不是就可以了吗？我做过类似的实验，如果在脑子清醒的情况下，两者并没有太大的区别，但当你的脑子不是那么清醒或者受到外界干扰的情况下，用这种方式来找出方法，就很有效了。

◆ 自我描述

大多数的时间浪费，是因为每个人的大脑不能同步。

我在听别人描述的情况下，容易产生问题。可能每个人的叙述方式和逻辑不同，在传达的时候产生了不同的理解，可见沟通能力多么重要。每当这个时候，我就开始尝试用自己习惯的语言来重新描述一下，这样的话，就好理解多了。

◆ 化繁为简

很多事情并非看起来那么简单，涉及方方面面的问题，让我们一眼看过去毫无头绪。我们不妨用方法将它化繁为简。

类似排除法，先把次要或者无用的因素排除掉，留下主线，这样才能一目了然。先看大问题，如果大问题解决掉，填充小问题即可。很多时候，问题太多会让你毫无头绪，这是解决问题的一个有效途径。

◆ 跳跃法

不会的问题就跳过，先不去浪费时间，继续下面的问题。举一个简单的例子，我写一篇文章，如果想不到好的标题怎么办？跳过去，开始写内文的时候，或者写完内文之后，你会发现，定标题也不是那么难。

以上就是高效思维的提升方法。由于当时时间太过仓促，我只简单地总结了这几点。随后那位老师又给我发来一份电子邮件，大致内容如下：

上次见面时间仓促，也不知道说的那些对你有没有帮助，在这里我想补充几点，希望对你有所帮助。所有的高效思维都是建立在你想去做这个基础上的,如果你的内心是拒绝的,即使有好的方法,对你来说也不见得好用。

你渴望高效,肯定要预先准备充足的时间,来对这件事情进行思考。所有的细节,能考虑到的都应该考虑到,这样在遭遇突发事件的时候,才会游刃有余,而不会慌张失措。

世界上的事情并非预想中的那么简单,看似简单的事情,往往也需要详细的准备,尤其是在参与人数比较多的情况下,除了事情本身外,还要考虑人性层面的东西。

团队是个不错的选择,可以更快地解决问题,所以在无路可走的情况下,寻求帮助或许会有不错的收获。

扩大自己的眼界,这对解决问题起着关键的作用。当你被逼入死胡同时,你的见识说不定会指引你找到更好的路。

以上就是那位老师所说的,虽然看起来并不像"绝世武功"那般令人叹为观止,但我坚信一点,别人告诉你的东西都只是起点,能不能领悟还要靠你自己。

2. 没有见识的努力，都是白忙

本来不想写这个故事，因为说别人没有见识，实在是有点武断。但这节也是很重要的组成部分，犹豫再三后，还是拿出来说一下，因为这事关职业规划，希望能够给大家带来一点帮助。

我知道职业规划的重要性，有时候选择比努力更重要。

我想起了一件往事。

林是我很好的朋友，我们认识很长时间了。林是一家行业报的资深记者，在北京奋斗了10年，兢兢业业为报社服务。

他总说他的人生好像少点运气，我记住了他说的这句话。

而今天我要和他谈一个问题，是关于他人生规划的问题，因为他在我迷茫的时候曾经帮助过我。

见面寒暄一番之后，我们各自落座。

我开门见山道："你对现如今这个传统媒体有什么看法？"

"也没什么看法，我都做了好多年了，为报社付出了很多。"

"我是说在移动互联的冲击下，你们那边还行吧。"我说得更加具体些。

"要说不受影响,那是不可能的,我们公司已经走了很多人,但我还是不想走。我曾经努力过,家人也为我这份职业感到骄傲。"

我看着对面的他,不知道该怎样开口。

他接着说了他的奋斗史:"为了写一手漂亮的新闻稿,前2年我经常熬夜到深夜3点,厚着脸皮去请教老编辑。2年之后,终于写得有点样子了,我的努力他们都看在眼里。"林的脸上露出骄傲的表情。

"好吧。"我还是不想打断他。

"这都快10年了,我还是一如既往地努力,不敢有任何懈怠。我好像快熬出头了,看着我的文章每次都被同事们认可,我感到很快乐。"

"可是现在互联网行业发展得这么快,传统媒体被打压得快抬不起头了,有点风雨飘摇的感觉,你不考虑考虑转行吗?"我终于忍不住打断道。

"暂时还没有考虑,我已经习惯了,我的青春都在这里面啊!"林有点不理解我的想法。

"好吧。"我们避开此话题,开始愉快地交谈起来。

1年之后,林来找我,说报社解散了,他看着他曾经工作过的地方哭了。

我们前行的路上，充满各种各样的选择，只有在掌控大趋势的情况下，才能让下面的路走得更好。

◆ 没见识的人总是跟着感觉走

并非说林没有见识，而是他对他的见识不够肯定。而正是由于这种不肯定，他才会犹豫不决，最后在犹豫中还是不知不觉地选择了习惯的生活方式。

我了解他这种心理，就如同晚上睡觉前想创业的人，早上还是同样去上班一样，让自己丢开曾经，跑到一个不熟悉的环境中，谁都会犹豫的。何况林已经 38 岁了，他已经缺乏这个勇气。

很多人之所以走得不顺，不是因为能力不行、机会不够，而是因为见识太窄，最终导致目光短浅，该放弃的东西舍不得，只能等到结果摆在面前，才不得不被动地去处理。

◆ 没有意义，就没有坚持

努力是长久的勤奋。你总要找到努力的意义在哪里，才能坚持。如果看不到希望，即使你嘴上可以欺骗别人，但却欺骗不了自己的内心，你的主动性会消失，那时，你想改变都改变不了。

当我和林谈话的时候，我已经感觉出他内心的不安，这种不安来自于对传统媒体的不看好，但他不能说，一旦他的信念倒塌了，他的工作就会一落千丈。因为他的信念没有了，就再也找不到努力的意义了。

我看到很多人都迫于生活的压力，选了一家自己并不喜欢的公司。我不建议这样做，如果你不认同公司的文化，没有在心中肯定它，就不要轻易进入这家公司，否则，你来这家公司就是混的，即使你心里可能没有那么想过。

◆ 缺见识让你找不到人生节奏

每段人生都有其固定的节奏，什么时候该高，什么时候该低，看似毫无规律，其实和性格息息相关。

如果你说你感觉不到节奏，至少你对自己没有清醒的认识，这是毋庸置疑的。所以你只好跟着别人走，在别人说好的时候，你不见得认可，但你会感觉这样做的人多了，肯定是对的。

别人买房买车了，你也要跟上别人的脚步；别人娶妻生子了，你也要跟上别人的脚步；别人年薪百万了，你也要跟上别人的脚步。

不这样做，还能怎样？你对自己都没有一个清晰的定位，那么就只好跟随。朋友 A 和 B 都买了豪车，A 先买，B 跟随，但他忘记了，A 是做生意的，需要门面，而自己只是个打工的，从经济角度来看，一点都不理智。

人生这条道路，每个人都在摸索。如果你有广阔的视野，你便能看得更透、更远，努力得更有针对性。

因此，在人生的道路上，既要努力，也要有见识。

3. 为什么你的工作会一拖再拖？

当你面对一份工作时，是否感到头皮发麻，实在不愿意去做，同时又不得不去做，这是一种煎熬，我曾经遇到过多次。

周末要写一篇文章，虽然心中知道它的重要性，但就是不愿意起床，当然总会有各种各样的借口来安慰自己。随着时间的流逝，不断地安慰着自己。一转眼到了中午，好吧，那就下午完成吧……

一篇文章让我足足纠结了一整天，然后在第二天下午的时候才完成，最后就是后悔，觉得这两天过得实在是太不值得了，只写了一篇文章而已。

一拖再拖带来的恶果，留给我的噩梦，让我至今难忘。

一次，我接了一个策划案子，是好朋友委托的，当时我想都没想就接受了，一来关系不错，也算帮忙；二来人家给的价格也不低，何乐而不为呢？

但我却忽视了自己的状态。

那是一个周末，我原本想出去放松一下的，却因为这个工作而不得不暂时放弃原本的计划，怀着遗憾的心情躺在床上。已经是早上 10 点了，这时候，我需要为这个工作的拖延找个借口。

"晚起一会儿吧，这个工作一定好做，我以前做过那么多，早有经验了，完成得应该会很快。"

怀着这样的心理，我一直到下午 2 点才起床。起床后脑袋昏昏沉沉的，根本进入不了工作状态。我开始洗漱，耗费了半个小时后，状态还是不行，我想那就再歇会儿，反正工作简单。于是就这样拖到了吃晚饭的时候。

吃完晚饭后，脑袋有点木，我又开始给自己找借口。但总要有行动吧，于是强迫自己坐到电脑前。打开资料后，想了想对方的要求，发现这可没有我想的那么简单，我有点慌，但事已至此，只好开始工作。

这时已经是晚上 9 点了，按照生活习惯来说，我晚上 10 点会准时休息，但想到明天不用上班，晚上可以多做点，我又放松了自己，一边工作，一边做一些无所谓的事情。就这样，不知不觉就到了晚上 12 点，我有点困了，大概是生活习惯的问题。

脑袋转不动了，我强迫自己继续工作，但效率极其低下，这是肯定的。我强迫自己工作到深夜 2 点，最后实在是没有效率，于是决定先休息，明天早点起床再继续工作。

第二天醒来时，已经是中午时分。因为这段时间我从来没有打乱过作息时间，偶然一次，感到有点不适应，早上的闹铃都没把我叫醒。

就这样，由于状态不佳，我没能准时完成工作，而朋友周一就要，我于是跟朋友解释了原因，他没说什么，因为说什么也不管用，只好等着。

但1个小时后，由于对方谈判人员突然提前到了，他需要提前准备文件，于是有点着急地问现在做到什么程度了，问我能不能快点，我说尽力。

半个小时后，在满头大汗下，我终于还是完成了，不禁松了口气，来不及审查，就交给了朋友。结果在意料之中，由于过于慌张，导致表达不清晰和几处错字，让我的朋友对我有点失望，不过，他也没说什么。

虽然没说什么，但我们之间的合作却再也没有了，我不但失去了机会，同时也失去了朋友的信任，至少是在工作上的。我感觉很亏。

我做产品策划的时候，也遇到过类似的事情，很多合作者不能按时上交稿件，让我很是烦恼，只好不停地催。到了最后，交上来的东西往往不忍直视，我又将花费时间去认真审读。

我对合作者也渐渐有了情绪，虽然很多合作者都是朋友，但难免会有怨言。

　　这两件事情让我记忆犹新，所以，我对这个问题比较关注，也因此查阅了一些资料，找到了一些原因：

　　（1）你的兴趣点不在这里，因此无法调动你的情绪。为什么你看电影的时候，从来没有纠结过，即使片子再烂，你也不会感到后悔。

　　如果是这样的话，你需要重新调动自己的情绪，让自己变得主动起来。因为工作就是工作，你可以不喜欢，但有必要按时完成。

　　（2）也许这个工作需要大量的付出，如脑力或者体力，而你始终处于准备状态，想把它一举拿下，同时，这种理由也容易成为借口。这是一拖再拖的常见原因。

　　（3）对所做的工作没有好的切入点。事实上，更多时候寻找到切入点并不算太难，而是真的不想去寻找。

　　（4）总感觉这项工作准备得还不够充分。比如细节，需要在前期进行大量的铺垫，而自己的准备还远远不够。

　　（5）这个工作不够迫切，你有足够的时间去完成，并且拖延对自身没有严重的后果，即使有，也不会在拖延期间表现出来。

　　（6）拖得时间太久了，越来越不想做，越不想做，越没有感觉，于是恶性循环，以至于想起来就很头疼。

　　（7）还有别的工作要做，或者是太忙了，自己的身体需要休整，或者是有别的好玩的事情吸引着自己。

（8）有自己喜欢的事情干扰，总想放松一下。比如一打开电脑，就忍不住去玩游戏，因为玩游戏几乎不需要动脑子，没有心理压力，这让你很惬意。

（9）没有将这件事列入计划，或者是不情愿地列入计划，总感觉这是一件很简单的事情，不用太过重视。

（10）懒散成为习惯，一时半会难以改掉，或者在改正期间感到很痛苦，最后放弃了。虽然感到这种习惯不好，但却无力改正。

因为每个人都有自己的解决之道，而原因又比较直观，所以我没有刻意把方法写出来。事实上也没什么好写的，因为明白了原因的人，几乎就不会再犯一拖再拖的毛病了。

这个习惯实在是太不好了。我后来有幸遇见一位老师，于是向他请教这个习惯的根源。这位老师说了很直接的话，我甚至都有点接受不了。

他说："如果你总是拖延，那只能证明你太没有责任心了。你的人生或许遭受过太多的不认可，而你逐渐地认同了这种不认可，也习以为常了。

"换句话说，就是你对自己的人生已经没有信心，甚至一个简单的工作，你都不愿意去负重前行，总是在选择的时候，选择那个最简单的、最容易的。从长远来看，你的将来会无路可走，只是你没有认识到罢了。

"或许你的工作都是逼不得已而为之,这会让你将来的生活非常被动,完全没有主动性,更无任何精彩可言,当然这是最轻的结果。坦白地说,这样的状态,无论是生活、婚姻、工作,还是创业,都不会太顺利……"

他说得很刺耳,但我知道,这并没有夸张。

4. 看清逻辑，分清主次

我们每天都要面对各种各样的事情，好和坏，简单和容易，重要的和不重要的，但遗憾的是，我们的时间是有限的。合理安排这些工作，就成为高效最关键的技巧。

我的同事是个积极的人，每天都很忙，但是却没有人去肯定他，因为他是一个做事不带脑子的人。不管遇到怎样的事情，他都会固执地按照顺序来完成，如果有人打扰了他做事的顺序，他就会很生气。

一天，主管临时安排他给一个客户做一个案子，很紧急的那种。他说："我这边工作也很急，今天要给客户发一篇通讯稿。"主管愕然，这种常识性的东西他不想过多解释。

"这件事情很重要，限你在2个小时内做完给我。"

2个小时后，主管来向他要东西，他却刚刚做了一半，主管大怒，他不慌不忙地解释道："我那个通讯稿也得做完啊，我刚做了一半。"

这种主次顺序显而易见，可在很多事情中主次关系却并不是那么明显，这就考验每个人的认知水平了。

我想到了一个著名的法则：艾森豪威尔法则。

某天，动物园里的一只长颈鹿从笼子里跑了出来，管理员发现之后，园长召集大家开会讨论，结果大家都认为长颈鹿跑出来的原因是因为笼子的高度过低所致。于是，当天他们就将长颈鹿笼子的高度从之前的 10 米增加到了 30 米，以为这样就可以高枕无忧了。殊不知，第二天长颈鹿仍然从笼子里跑了出来。动物园总结之后，再次将笼子的高度提高到了 50 米。

此时，隔壁一直在好奇看着这一切的羚羊问回到笼子里的长颈鹿："你觉得他们会继续将你的笼子的高度加高吗？"长颈鹿有些无奈地回答道："倒是很有可能，如果他们仍然忘记关门的话。"

这虽然只是一则故事，但却反应了一个需要引起重视的道理。长颈鹿能从笼子里跑出来，根本原因并不在于笼子的高度低了，而是管理员忘记了关门，长颈鹿当然能够轻而易举地跑出来。解决长颈鹿跑出笼子的办法，实际上很简单，将门关好就行了。关门是本，加高笼子的高度是末，动物园的做法是在舍本逐末，要能见到成效才是怪事。

同样，在生活中我们也常常会看到这样的情况，比如身边的一个同事经常会很忙碌地做事，但他的工作效率却很低，甚至还屡屡出错，问他在忙什么，他也说不出个所以然来，只一个劲儿地说自己"忙"。这其实是做事缺乏条理性造成的，东一榔头西一棒子，最终没有一件事情做得好，白白浪费了大把的时间和精力，还见不到什么成效。

关于这个问题，美国陆军五星上将、二战期间盟军总司令、第34任总统德怀特·戴维·艾森豪威尔发明了一个著名的"十字法则"。艾森豪威尔是美国历史上一个充满戏剧性的传奇人物，曾经获得过很多的第一和无数的荣誉。在纷繁的事务中，为了提高自己的工作和生活效率，艾森豪威尔总统想到了画一个"十"字，就像数学上以原点为中心出发，以横坐标和纵坐标分成4个象限，每个象限分别为重要紧急的、重要不紧急的、不重要紧急的、不重要不紧急的事务，所有自己要做的事情他都将其根据实际情况划到不同的象限中，按重要性紧急性来安排做事的顺序。

"十字法则"也叫作"十字时间计划""四象限法则""艾森豪威尔法则"或"要事第一法则"，它让艾森豪威尔总统做起事来事半功倍，也让美国的成功学家们津津乐道，成为时间管理领域最重要的法则。具体来看，我们可以把要做的事情分为四类：

◆ A. 重要且紧急

这是需要尽快处理的事,应当排到第一,并放在最优先的位置。

◆ B. 重要不紧急

这些事虽然重要,但从时间上来看,又不是那么急迫地需要完成,可以暂缓,却必须引起足够的重视,是仅次于重要且紧急的事情,应该予以偏重。

◆ C. 紧急不重要

有的事情虽然紧急但不太重要,仍需要尽快处理,可以考虑是否安排其他人去完成。紧急之事通常是显而易见的,让人难以推脱而不得不做,也可能较为有趣、较为讨好,但或许没那么重要。

◆ D. 不紧急不重要

对于那些既不紧急,重要性程度也比较低的事,可以选择放弃去做,或是委派他人去做,或是推迟时间去做。

"艾森豪威尔法则"将所有的事情划分成4个象限,让人一目了然,可以帮助人们有效厘清面对的一堆事务,克服思维的混乱,从而正确区分出每件事情所处的象限,排好优先顺序,迅速地做出反应并付诸于行动。

这一原则的明智之处，在于告诉我们做任何事情之前，都要看清逻辑，分清主次，进行科学地安排。凡事"重要且紧急"第一，做事先抓牛鼻子，再按照轻重缓急，有主有次，有条不紊地把所有事情层层推进。只有这样，才会条理明晰，成效显著。切忌混乱无序，眉毛胡子一把抓。

俗话说，"自知是自善的第一步"。要想改变现状，做事变得更高效，应当学会在"艾森豪威尔原则"的指导下，让自己学会时间和事务管理，规划好每一天的安排，有逻辑、有主次，使其习惯成自然，长期坚持并贯彻，久而久之，成功就会在前方向我们招手了。

有人说，人的精力在哪里，成就就在哪里。人生也需要分清主次，因为我们都在人生中迷茫地摸索着前进，只有分清主次，才能更好地接近目标。

5. 奥卡姆剃刀定律，帮你高效解决问题

很多人向我抱怨人生的问题太多，大到成家，小到生活中的柴米油盐，处处都有问题等着你去解决。

有人说，人生来就是为了解决问题而来的，我很赞同这句话。但解决问题和解决问题间有着本质的区别，有的人看到问题顿足捶胸，依然想不到化解的方法；有的人轻描淡写，谈笑间樯橹灰飞烟灭。这是一种能力，一种很实用的能力。

营销行业内充满了各种各样这样的技巧，看似一个小小的方法，却发挥着巨大的作用。

我在乙方的时候，一家做挂面的厂家找到了我们，希望我们能够对他们的产品有一个升级，让它更加便捷，以便有更好的市场表现。

这下可把我们难住了，因为挂面谁都知道，很多年前就是那样，各种厂家都是靠不停地改变味道或者提倡营养来增加产品的竞争力。

我们讨论了相关的市场，几乎无懈可击，这让我们很沮丧，几乎都要放弃了，但老板说再坚持一下，说不定会有好的方法。

那就坚持吧，毕竟方法不好想出来，态度还是要有的。

几天过后，老板面带笑容地走了过来，让大家到会议室开会。

"有没有好的切入点。"老板问。

意料之中，没有任何人回答，因为这有点难度。

"我想到了一个，你们看行不行。大家都知道，现在很多年轻人用的锅比较小，而平常的挂面又比较长，往往放在锅里会漏出一截，这样的话，还需要用手去搅拌一下。我的建议是能不能把挂面缩短5厘米，这样的话，既节省成本，同时又增加了用户的体验。"

这个想法很了不起，也很创新，能想出来实在是太难了。甲方看到这个想法后，立刻就签订了合同。

方法有时就是这么简单，只是我们的思维受困于某个角落，难以找到解决问题的关键点，但总会有人想到。

广东某日化公司从国外引进了一条先进的肥皂生产线，可以让肥皂生产的整个过程全部实现自动化，因此大大地提高了生产的效率。然而，不久后意外发生了。客服部接收到来自客户的投诉，声称买来的肥皂盒里面是空的，要求退货。道歉之余，公司立刻关停了该自动化生产线，并向制造商反应这一情况，却被告知生产线在设计上无法避免空肥皂盒事件的发生。

公司为了防止这样的事情再次发生,就让工程师立刻想办法解决这个问题。于是,一个由几名博士为首、十几个研究生为骨干的团队很快搭建了起来,他们的知识背景包含了光学、自动化、机械设计、图像识别等各个学科。

花费数十万元后,工程师团队研发出了一套 X 光机和高分辨率的监视器,只要机器对 X 光图像进行识别,便可以透视每一个出货的肥皂盒里面是不是空的,空肥皂盒会被一条机械臂自动从生产线上捡走。

与此同时,一家小企业也遇到了同样的问题,老板于是责令管理生产线的小工务必要想办法解决。略加思索之后,小工找来了一台电风扇放在生产线的一端,另一端则摆了一个箩筐。当装肥皂的盒子从风扇前通过时,所有的空盒子都会被电风扇吹起来,掉进另一端的箩筐里。问题就这样得到了解决。

这个关于空肥皂盒的段子不论其他,就故事本身来看,蕴含了一个非常重要的"简单有效原理",也就是我们所熟知的"奥卡姆剃刀定律"。

公元 14 世纪,英格兰的逻辑学家、圣方济各会修士奥卡姆的威廉,对于当时人们关于"共相""本质"之类话题无休止地争吵感到十分厌倦,于是愤而著书立说,宣传避重趋轻、避繁就简、以简御繁、避虚就实的观点,只承认确实存在的东西,那些空洞无物的都是累赘,应该毫不留情地"剃除"掉。

在《箴言书注》2卷15题,奥卡姆明确提出,要将一件事情做好,与其浪费较多的东西,不如花较少的东西去达成。简而言之,就是"如无必要,勿增实体",主张思维经济原则。由于他叫奥卡姆,而他又采用剃刀形象化地表达这一定律,后世的人们出于纪念,就将他的话命名为"奥卡姆剃刀"。

它通常用于两种假说的取舍:如果同一现象有两种不同的假说,应当采取更为简单的那一种。奥卡姆的"剃刀"出鞘之后,可谓是以尖锐的言论剃秃了西方世界长达几个世纪都争论不休的经院哲学和基督神学,扫清了阴霾的天空,让科学和哲学从宗教中分离出来,进而催生了始于欧洲的文艺复兴和宗教改革、科学革命,使得宗教世俗化形成宗教哲学,完成了世界性意义的政教分离,让无神论深入人心。由此可见,"奥卡姆剃刀"的威力之大。

锋利无比的"奥卡姆剃刀",历经数百年而不减光彩,从原本的科学、哲学等狭窄领域不断拓展到复杂的政府管理、企业管理等各个领域,进一步发扬光大,具有广泛、丰富而深刻的现实意义。面对着不断膨胀的规模,繁琐冗杂的制度,堆积如山的文件,组织的效率变得越来越低,很多东西都有害而无益,阻碍着工作效率和生产效率的提高。这就需要我们能够合理运用"奥卡姆剃刀",抓住关键问题,采用更为扁平化的简单管理方式,化繁为简,让复杂的问题简单化,花较少的时间和精力去解决,提高绩效,达到最小成本、最大收益的目的。这样才不至于无效忙碌。

从"奥卡姆剃刀"的要领上来讲,做事之道其实就是简单之道,通过简化实现对各项事务的真正掌控。

现代社会出现信息爆炸式的增长,影响一个事物的因素众多,要做到简单化并不容易。应用"奥卡姆剃刀定律",需要将最关键的脉络明晰化、简单化,抓住主要矛盾,解决最根本的问题。

简单不代表无效,甚至有时候会比所谓的高科技成本更低,关键在于找到问题的关键,有的放矢,不浪费任何时间和资源。

6. 灵感，往往不期而遇

有句话叫作"欲速则不达"，我对此有着深刻的体会。面对一个策划案，有时冥思苦想却没有好的创意点，但是有时灵感却会在不经意间迸发出来。所以我习惯在遇到难题的时候，如果没有任何想法，就到楼道里抽根烟，不去刻意想它，很多时候，灵感总是在不经意间浮现。

灵感，是个难以捕捉的要素，很多时候，工作中常常需要这样的灵感，但却不会给予我们足够的时间，这时该怎么办呢？

不妨酝酿一下再说，关于酝酿，有一个著名的效应来解读。

古希腊时期，一位国王让人做了顶纯金的王冠，却又怀疑工匠掺了银子在里面。但打造好的王冠分明与当初交给工匠的金子一样重，所以工匠究竟有没有捣鬼还真不好判断。思来想去，国王决定把这个难题交给阿基米德。

接到这个烫手山芋，阿基米德也是绞尽脑汁，想了各种办法，却还是一筹莫展。直到某一天他去洗澡，坐在澡盆中，不知不觉看到澡盆里的水往外溢了出来，而自己的身体也在水中被轻轻地托起。就在这一瞬间，阿基米德灵光乍现，一下就想到了办法，运用浮力原理成功鉴别了王冠的真假。

　　有时候，我们会遇到一些复杂的、匪夷所思的，甚至是需要发挥创造性思维去解决的难题，然而，无论怎样努力，却都找不到通往正确方向的路。这时，我们不妨放慢一下脚步，暂时停下来，让头脑得到放松，而不是去钻牛角尖。也许就是在心思澄明，注意力得到转移的时候，我们会有新奇的发现。这种放空下的暂停模式，就是酝酿效应。故事中阿基米德对浮力定律的发现，正是酝酿效应的经典起源，而这也成为了后世心理学家津津乐道的话题。

　　酝酿效应具有非逻辑性和自发突变性的特点。无论是科学家还是普通人，都会遇到让人束手无策的难题，在不知从何入手，没有什么头绪的时候，思维就会自然而然进入到酝酿状态中来。在这个阶段中，我们始终处于**困惑状态**，找不到解决问题的良方。思来想去也无可奈何时，不如索性将让人烦恼的问题抛开，不去想它，说不定在未来的某个时候，那原本百思不得其解的答案就会如同天上掉馅饼一般出现在我们面前，让我们发出类似阿基米德似的惊叹，"原来你在这里"！最终，酝酿效应绽放出了思维之花，结出答案的硕果。

　　对，就是那种豁然开朗的感觉，古诗词中所说的"文章本天成,妙手偶得之""踏破铁鞋无觅处,得来全不费工夫""山重水复疑无路,柳暗花明又一村"等,就是与灵感的不期而遇,是对酝酿效应所引发的彻悟感恰如其分的写照。

德国化学家凯库勒长期致力于苯分子结构的研究,但他却对苯分子结构中原子是如何结合的始终百思不得其解。1864年冬的某个寒夜,研究进展不顺的凯库勒正在炉火边一边看着书,一边心里想着别的事。

他把座椅转向炉边,在熊熊火光的映照下,他感到了些许困乏,便不知不觉地进入了梦乡。半睡半醒之间,他迷迷糊糊地看到无数的原子排成了一列长长的队伍,并且变化多姿。当原子队伍靠近他的时候,就全部连结了起来,一个个不停地扭动着、回旋着,就像一条长蛇咬住了自己的尾巴,在他面前不停地旋转着。一瞬间,凯库勒的心灵如同受到电击,很快便惊醒过来,回想刚才所做的梦,一切都历历在目,看起来是那么真实。

凯库勒再也坐不住了,他敏锐地意识到,那个一直困扰自己的关于苯分子结构中原子结合方式的问题,就在这个夜晚被他解开了。为了这一让人无比兴奋的假设结果,他整夜未眠,最终证明,梦中的那个蛇形结构正是事实上苯分子的结构。而从遇到难题——思绪停滞——找到答案的过程中,凯库勒正是遭遇了一场酝酿效应。

许多类似的经历告诉我们,灵感来自偶然,答案不期而至,当遇到难题时，如果冥思苦想都不得其门而入的话，我们就需要暂时停下来了。这时不如把问题搁置一段时间，或者穿插进一些其他的事情，让大脑得到适当的休息，以免陷入某种固定思维之中。说不定，犹如一道闪电划破长空，灵感的火花突然就会在未来的某个时刻闪现，答案呼之欲出，那茅塞顿开的喜悦，就是酝酿效应发挥出的作用。

酝酿效应对打破解决问题时由于不恰当思路产生的定势，往往能够起到惊艳的效果，让新的思路得以产生。

所以，在实践中，我们要注意遭遇麻烦问题时，不要一条路走到黑，而应做到劳逸结合，给自己缓冲的时间，让新想法和好想法自然而然酝酿，也许与灵感的不期而遇会迸发出最美的思维之花。

灵感来得不容易，是对一个事物长期思考的闪光点，稍纵即逝，我们需要记录，我个人也是这样做的。我会立刻把它记录下来，等有时间就可以再去追溯这个想法。记录的工具不限制，越方便携带越好，我一般用的是手机，有想法了随时随地记录。

不单单如此，一般很多灵感都是线性的，不过有些灵感会有架构，如果可能的话，连同架构一起记录下来。这样的话，对后期延续工作更有帮助。

很多时候，我们不需要艺术家那般天马行空的灵感，更多的是解决问题的方法或是创意，但这需要更多的学习和积累。

7. 看透"鸟笼效应",终止无效努力

殷纣王即位不久,就命人为他琢了一双象牙筷子。贤臣萁子说:"象牙筷子肯定不能配瓦器,只能配犀角之碗,白玉之杯。犀角碗肯定不能盛野菜粗粮,只能与山珍海味相配。吃了山珍海味就不肯再穿粗葛短衣,住茅草陋屋,而要衣锦绣,乘华车,住高楼。"

于是我又联想到了《渔夫与金鱼的故事》,有人说这两个故事主要说的是人的欲望,不过我想从另一个层面来解读一下,那就是"配套"。

"配套"是一个商业套路,从中也能看出不少的人性。很多人在别人的建议下不得已选择了自己不需要的东西,或者心不甘情不愿地做了一些事情。比如你去买车,就会发现,到最后你不但买了一辆车,还买了一系列配套的东西,买回来之后,会不会觉得有点后悔。

工作中也是这样,如果你很幸运,职位上升到了高层,你会

发现你的生活增加了很多不必要的应酬，浪费了很多的时间。

为了配套，我们付出了不情愿的努力，浪费了精力。

在心理学上，"鸟笼效应"是人类始终难以摆脱的10大难题之一，它的发现者是近代杰出的美国心理学家詹姆斯。

1907年的时候，詹姆斯与他的好友物理学家卡尔森一起从哈佛大学退休。某天，两人一时兴起，便打了个赌。詹姆斯信誓旦旦地对卡尔森说："不久之后，我一定会让你养上一只鸟的。"从来都没养过鸟也没有想过要养鸟的卡尔森当然不信，对詹姆斯的话显得十分不以为然。然而谁都没有想到，在卡尔森生日那天，詹姆斯给朋友准备的生日礼物是一个精致无比的鸟笼。当时卡尔森就笑了："你就别费劲了，我顶多当它是一件漂亮的工艺品而已。"

但令卡尔森没有想到的是，在这以后，但凡有客人来访，就会看到卡尔森书桌旁那只空荡荡的鸟笼，几乎无一例外地都带着一脸好奇地问他："我说卡尔森教授，你养的鸟儿去哪了？是不是你把它养死了？"无奈的卡尔森不得不每次都给客人解释说："我从来就没有养过鸟啊！"他这样一解释，反而愈描愈黑，结果换来的常常是客人疑惑不解且不可置信的眼光，搞得卡尔森教授只好去买了一只鸟放进鸟笼里。这下果然没有人再问。很显然，卡尔森教授成功中了詹姆斯教授的计，使得詹姆斯的"鸟笼效应"

奏效。

什么是"鸟笼效应"呢？其实也就是故事中所说，如果一个人家里放了一只空鸟笼，那么过一段时间，他通常会为了这只鸟笼而不得不去买一只鸟回来饲养，而不是把鸟笼收起来放在看不见的地方或是果断扔掉。这是一种人被鸟笼异化的情况，"鸟笼逻辑"下，人成了鸟笼的俘虏。

詹姆斯教授"不怀好意"地为卡尔森教授送上鸟笼作为生日礼物，但卡尔森教授并没有及时把鸟笼收起来，而是把空的鸟笼大大咧咧地放在书桌前。所谓习惯成自然，即便长期对着它也没有觉得别扭。因为他原本就不养鸟，所以有了这个空鸟笼之后，每次客人来访时都会惊讶地问他鸟笼是怎么回事，或者投一瞥怪异的目光过去。

长此以往，卡尔森教授早晚都会忍受不了每次费尽口舌解释的麻烦，不得不买只鸟儿回来与这空鸟笼相配套。在经济学家看来，比起向人解释为什么有一只空鸟笼来说，直接买只鸟装进去的心理成本要低得多。其实，即使没有人来问，也不用向任何人做解释，时间久了，"鸟笼效应"也会自认而然地给人造成一种心理压力，迫使人最后还是会选择去买一只鸟儿回来。

这是一个很有意思的规律，生动地描述了人们偶然获得一件原本并不需要的事物之后，却继续添加与之相关而自己又不需要的东西的现象。实际上，在我们的日常生活和工作中，经常都在发生"鸟笼效应"的例子。很多时候，我们都容易先入为主，先在自己的心中挂上一只"空鸟笼"，而后不由自主地想要往"空鸟笼"中装一只鸟儿进去。

就像有天你去逛街时，在某个装修精美的店铺橱窗中看到了一只漂亮的水晶花瓶，便移不开眼了，鬼使神差地非要将花瓶给买回家。但你其实从来没有插花的爱好，只不过有了这只花瓶，摆在客厅里空荡荡的总显得缺少了点什么似的，于是最后你会去买束花回来插在花瓶里，好像这样才会圆满。

再举个例子，当你和朋友去买衣服时，朋友对你试穿的一件衣服评价不错，但同时又冒出了一句"如果再配个××的包，那就更完美了"，此时，你会听从朋友的建议去买吗？很多时候都会。如果选择会，那就说明你在买衣服时自动地给自己造了一个"鸟笼"，此后所产生的系列"买买买"行为也正是对"鸟笼效应"的验证。

但我们为何不停下来呢？其实"鸟笼效应"中的卡尔森教授除了买一只鸟儿回来填上外，还有另外一种选择，那就是扔掉鸟笼，眼不见心不烦。为什么非要中"鸟笼效应"的招呢？正如工作中，我们要完成一个方案，但最开始思路就错了，却因为"鸟笼效应"不肯放弃之前的努力，怕一切都付之东流。但不停止盲目地努力，我们就是在朝相反的方向走，从而离正确的方向越来越远，造成沉没成本，结果得不偿失。

要逃脱"鸟笼效应"，我们就得学会逆向思维，一旦发现不对劲儿，就要立刻停下来，别让"盲目地努力"束缚了自己，不要被"空鸟笼"牵着鼻子走，才能做自己想做的，获得自己想要的。我们必须要知道，那只为与空鸟笼配套的鸟儿，本来就不是我们需要的。

无论是鸟笼还是鸟儿，对你并没有什么实际的价值和意义，勇敢地选择舍弃，是对"鸟笼效应"的正确反击。

8. 选准目标，才能高效行动

我们在看电影的时候，对迷失在沙漠中的人总会特别关注，希望他们能够最终走出沙漠，但走出来的总是少数。迷失在沙漠中的人遭受着各种考验，还有心理上的压力，没有目标，没有方向，不断尝试后的迷失，足以击溃一个人的信心。

生活也是如此，迷茫让人感到无助，我们在其中跌跌撞撞地前行，心存侥幸……

没有目标让我们举步维艰，更不用谈高效行动，我们在迷茫中浪费了自己的体力。

"目标"一词经常被我们提及，大到人生目标、事业目标、学业目标，小到做某件事的目标，都被看做是与对未来的正向激励有关。那么，我们应当如何看待目标，并使之落地实现呢？

美国有一位管理学家叫埃德温·洛克，是马里兰大学的心理学教授。1968年，洛克提出了目标设置理论，简称为"目标理论"。在他看来，只有专一的目标，才能产生专一的行动。如果一个人想要取得成功,就必须得制定一个可供奋斗的目标。

我们在制定目标时,并不是将它定得越高越好,如果高到踮起脚尖都够不着,这样反而是不切实际、事与愿违的。所以洛克认为,只有当我们的目标具有未来指向性,且富有挑战性,这时才会是最有效的。这被人们称为"洛克定律"。

洛克教授及其同事经过大量的实验室研究与现场调查后,他们采取了各种各样不同的激励手段,但结果发现,要驱使一个人去做某件事情,无论再多的激励,都必须设置一个恰当的目标才能真正起到作用。所谓的激励因素,很大程度上也会是一定的目标。对激励问题的研究,最根本的在于高度重视并最大限度地制定合适的目标。

洛克教授用了打篮球的例子来进行说明:我们中的很多人,尤其是男生,都喜欢打篮球或是踢足球,不过打篮球与踢足球相比,进球要容易得多。

仔细想想,便会明白其中的关键在哪里。这是因为篮球架的高度是普通人稍微一跳就能够得着的,对姚明这样身高超常的人来说更是如此,所以篮球成为一个世界性的体育项目,各个学校、体育场、社区的篮球场总会有很多大汗淋漓玩得不亦乐乎的身影。虽然足球也风靡全世界,但比起看足球的人数来说,真正踢足球的人其实比打篮球的要少得多。

篮球投球的关键，正在于它的高度，并且是一个合适的高度。什么是合适的高度？试想一下，如果篮球架做成两层楼那样高，你还容易投得进球吗？自然不容易，一旦篮球架高到连姚明都投不进去，更遑论普通人了，人们就会没什么兴趣打篮球了。反过来说，要是篮球架设置得低到普通人身高的高度，只要打篮球的人一投就会中，进球太过容易，那自然也不会有什么吸引力，更调动不起玩耍的积极性。

总结下来，这也就是所谓的"过犹不及"，篮球架太高了不好，太低了也不好，"跳一跳，够得着"的目标才是刚刚好，也最有吸引力。一个目标的设置，要引发人们的兴趣，让人们认可，并愿意心甘情愿地去实现它，就应当设置为类似于篮球架的高度。因此，人们也将洛克定律称之为"篮球架原理"。

那么，如何才能判断出我们制定的目标是否合适呢？洛克从三个维度进行了研究：

◆ 目标的具体性

也就是目标能够被精确观察和测量的程度。所谓具体问题具体分析，每个人都有自己的特性，有着独特的优势，我们在制定目标时必须将这些考虑进去，先从战略上制定一个总的、有一定难度但有希望达成的目标，并从战术上将总目标细化和分解，摸清实施目标的各项步骤。一步登天纯属妄想,给自己多搭几个实现目标的阶梯,一步一步地去完成,每一步都要走得踏实稳健,只有这样,我们才有可能取得最后的成功,品尝到最甘甜的胜利果实。

◆ 目标得到实现的难易程度

正如篮球架的高度一样,目标制定得太高了会脱离现实,实现起来难度太大或根本没办法实现,容易打击人的斗志;目标也别定得太低了,一伸手就能够到,就像男生在追求女生的时候,太容易得到就会不那么珍惜,也就没有了对目标的向往。"跳一跳,够得着",要想站上成功之巅,适中的难易程度才是最合理的。

◆ 目标的被认可程度

也就是它的可接受性。工作中,如果负责人在制定部门年度业绩目标时,将目标定得过高,也许在他看来有希望完成,但却遭到了员工们的一致反对,并普遍认为很难达成的话,那就说明它的可接受性低。部门负责人可能并没有考虑到实际情况,或者是新官上任,缺乏对公司情况、部门人员的详细了解,做决策时就会引发问题,遭致反对。而一个合情合理的部门年度业绩目标,虽然有一定的难度,但却可以实现,只有这样,才容易被采纳。

所以,洛克定律在实际生活中的应用,需要科学性与艺术性相结合，这无论是对企业还是个人的成长与发展来说是非常重要的。创业期、发展期、成熟期，不同的阶段，应该制定不同的目标。

比如当初鲁冠球创立万向集团的，就是为了要当工人，改变一辈子务农的命运，想法可谓特别简单。但20年后，他就将企业的目标改成"奋斗十年加个零"（企业利润增长10倍）；柳传志在最初创办联想的时候，目标只有两个，养活自己和能干事。但随着联想的不断壮大，之前的目标：已经不合时宜了，于是变成了新的做大做强的目标。最终，他们都获得了巨大的成功。

以上所说的，就是目标的因时制宜和与时俱进。

俄国著名生物学家巴甫洛夫在临终前，面对如何取得成功的问题，回答说"要热诚且慢慢来"。这与洛克定律不谋而合：定力所能及的目标，做力所能及的事在达成目标的过程中，不断地提升与超越。

"跳一跳，够得着"，最好的目标不过如此。而只有合适的目标，才能让我们的努力更高效。